蒸的好清爽

程安琪 / 陳盈舟 著

蒸的前言

程 安 琪

在健康訴求爲重的現代生活中，人們不但要求烹調好的菜餚要清爽、清淡，同時希望烹調時的環境也能清潔、盡量減少油煙，因此無油煙料理一直是最受歡迎的。在眾多烹調方法中，一些以水和水蒸氣來使食物至熟的方法都是屬於沒有油煙的，例如：蒸、川、燙、燉、涮等都是，其中「蒸」又是應用最廣、變化也多的一種烹調方法。

蒸的特色：清爽、無油煙，又能保持食物的鮮、甜原味

用來蒸的食材，在蒸之前，通常只有適量調味和一些簡單的前處理，例如：一些肉類要先川燙一下去血水再蒸，基本上，「蒸」是很少經過油炸增香或辛香料爆香的動作，直接利用水蒸氣的熱力使食材加熱至熟的，因此可以用來清蒸的材料基本上一定是新鮮的，直接品嚐到食物的鮮嫩與甜美，例如烹調新鮮、生猛的海鮮，「蒸」往往是首選。

蒸和水煮、川燙又不同，蒸的時候因爲食物沒有接觸到多量的水，因此鮮甜滋味不會流失，更能保存原味。在西餐中烹調蔬菜時，就常以「蒸」代替水煮，雖然較花時間，但是可以吃到蔬菜的原味。當然有的時候爲了使食物的味道有變化、更好吃。我們可以做一個醬料淋在蒸好的菜上，如果要省事一點，也可以用現成的沾料、淋料。

蒸的重點：要維持充足、持續的熱氣

1.一般蒸東西的時候，都要等水滾了再放入鍋中去蒸，尤其是蒸海鮮和肉類。要一開始就有充足的熱氣，才能保持肉的彈性與嫩度。

2.蒸鍋中的水要盡量多、蒸氣才會足，水滾後就可以把火改小一點、只要能保持充足的蒸氣即可。但是要注意的一點是，水也不能太多，水滾動時不能超過蒸盤、淹到食物。蒸鍋中的水不夠時，最好加入熱水，才能使蒸氣持續（特別是蒸麵食時）。

鍋具的選擇：

在家庭中要做蒸的菜式很簡單，可以選擇的鍋具也很多，最常用又方便的有：電鍋、竹蒸籠、蒸鍋、炒鍋、湯鍋和微波爐。在餐廳中常用大型的蒸籠，是長方形的，比較沒有死角、省空間。西餐中也有用烤箱來做蒸烤，是在烤盤中加水，利用水蒸氣使烤出來的食物較嫩滑又有香氣。

A.電鍋：

自從電鍋問世之後，的確是替廚房中增添了一支生力軍，除了炊飯之外，在做蒸的菜式時，讓我們多了一種選擇、更能得心應手。傳統式的電鍋可以把外鍋當成蒸鍋，加水後來蒸食物，相較於電子鍋是在內鍋中加水來蒸，電子鍋容量就比較小了。

【電鍋的尺寸】

買電鍋時應該選大一點的，我覺得10人份的比較適用，蒸盤和蒸碗不會卡住、夾不出來。

【蒸的時間】

用電鍋蒸食物時，最困擾的就是，要加多少水？可以蒸多久？通常在電鍋的外鍋中加1量杯的水時，可以蒸約20分鐘，加2杯水的時候，因爲是連續加熱，因此只有30～33分鐘，開關就會跳起，依照這個比例，就可以決定要加多少水在外鍋中。電鍋的另一個優點是有保溫的效果，充分利用保溫時的熱度，可以減少實際蒸的時間而達到省電的功效。

【火力的控制】

電鍋雖然無法控制火力的大小，但是在需要大火時，可以在外鍋中多加1～2杯水，以產生充足的水蒸氣，同時也要等水滾了、水蒸氣冒出來了，再放入材料去蒸；如果需要小火，則可以把鍋蓋略微傾斜一點，露一點縫隙，使水蒸氣散出鍋外，以減低熱力，如此有控制火侯的效果。

B.竹蒸籠、蒸鍋：

蒸籠是爲了蒸東西而特別設計的鍋具，因此有它的方便和實用性，傳統是以竹子編製而成的，再架在一個鍋子上，鍋子深水裝得多，可以長時間來蒸，上面又可以同時架上好幾層蒸籠一起蒸，節省火力和空間。

【竹蒸籠】

現在的家庭中，傳統的竹蒸籠已經不像以往那樣有必要性，大蒸籠佔空間，久不用又會發霉。但是竹蒸籠能吸收水氣，防止水蒸氣回滴到菜餚中，同時它的透氣性也佳，對蒸麵食或特定的菜餚仍有它不可取代的效果，因此現在也有配合電鍋尺寸大小的竹蒸籠，可以架在電鍋、湯鍋或炒鍋上使用，就更方便了。竹蒸籠一定要等乾了再收納起來，以免發霉。

【蒸鍋】

現在有不同材質和造型的蒸鍋可選用，蒸籠和蒸鍋是一套的，例如不鏽鋼、鋁合金或其它材質的蒸鍋，也有透明、可以看見鍋中的食物。使用這一類非竹製的蒸鍋時，最怕常打開鍋蓋，冷空氣進入、就形成水滴，滴入食物中，以致水分太多。最好在蓋上鍋蓋時，先以乾布將蓋子上的水氣擦乾，同時在掀開鍋蓋時動作要快，就能減少水蒸氣的回滴了。

C.炒鍋、湯鍋：

中國的炒菜鍋是最好用的鍋具了，在炒菜鍋中架一個架子或是有洞的蒸板，就可以用來蒸，尤其是較長的魚盤、蒸碗，放在炒鍋中蒸更方便。在此也順便提一下，買鍋蓋時最好買高一點的，鍋中的空間才比較大。大的湯鍋中也可以放蒸架來蒸，或者將蒸籠架在炒鍋或口徑適當的湯鍋上。

D.微波爐：

微波爐是利用水和電磁波來加熱食物，因此可以用微波爐來做蒸的菜式，但是和用其它蒸鍋不一樣的是，蒸鍋會產生水蒸氣，使食物濕潤，而微波爐是吸收水氣、使食物失水，因此用微波爐來蒸的時候要多加水，並配合特別的微波烹調技巧和注意事項。

掌握住「蒸」的重點，又有隨手可用的蒸鍋，清爽、輕鬆地「蒸」出美味，應該不是件難事。

目錄
Contents

海鮮類SEAFOOD

百花山藥

碧綠魚捲

樹子蒸蚵

牛豬類BEEF&POKR

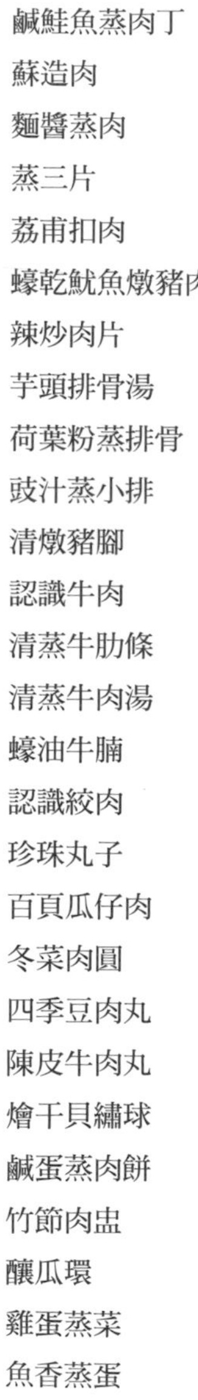

蠔油牛腩

竹節肉盅

荔甫扣肉

雞鴨類CHICKEN&DUCK

蹄筋海參雞

養生醉雞

薑汁燉鴨

素蔬類PESCETARIAN

翡翠冬瓜夾

干貝蒸蛋

點心類REFRESHMENTS

芋頭蒸飯

海 鮮 類

seafood

在蒸魚之前

「蒸」，一直被認爲是最能品嚐魚的鮮美滋味的最好方法，在廣東餐廳中，「清蒸游水魚」也是老饕的最愛。

廣東人特愛石斑魚，在香港，老鼠斑是常居排行榜第一名的魚種。另外「蘇眉」、「石鯛」、「梳齒」也都是適合清蒸的高價魚。其實只要魚夠新鮮，就是適合清蒸的魚。一般說來，肉質細嫩、緊實有彈性、沒有特殊味道的魚都可以蒸。淡水魚中的活魚，新鮮度當然不用說，海魚或是已殺好的淡水魚則要從魚眼、魚鰓、魚鱗等部位來判斷，選一條新鮮的魚是蒸魚的第一步。

第二點要注意的就是火候，蒸魚要等水滾了才能放進去蒸，即使用電鍋蒸魚，也要先按下開關，等水蒸氣上來了，才能放進去蒸。同時最好多放1～2杯水，使水蒸氣充足一些才好。

放進蒸鍋後開始計時，用一般家庭火力來蒸整條魚，若魚是12兩時大約要蒸11分鐘，但是因爲魚的種類不同，魚肉有厚薄的差別，每家的火力也有大小，不能一概而論，一定要用一支細筷子由魚頭下方、魚大骨的旁邊、魚肉最厚的地方插進去試一下，要能穿入、而取出的筷子上沒有沾黏魚肉才是熟了。

掌握了新鮮度和火候，應該有及格的60分了！接著就是味道，廣東人只是用豉油皇（上好的醬油）和蔥絲、香菜搭配，就降服了許多人的胃。其實蒸魚還可以有許多變化，在後面的食譜中，其實每一種都可以互相搭配，例如喜歡豆豉味道的人，不只可以蒸草魚段，任何買到的新鮮魚都可以蒸。蘿蔔乾蒸魚也是值得嘗試的好滋味。

常有人問，蒸魚後的汁要倒掉嗎？一般如果沒有加料蒸，魚汁腥氣較重，尤其是廣東式的蒸魚，都會倒掉，再另加調味汁。至於蒸魚前要不要先抹一點鹽、淋一點酒，也各有擁護者，加的話是可以使肉質更緊實一些，蒸的時候不會有太多汁液滲出。

至於用微波爐蒸魚，除了要注意時間外，另外在盤子裏多加4～5大匙的水以保持魚肉的嫩度，也是要注意的。

「蒸」一條美味的魚應該是很容易的事了吧！

一般推薦可用於蒸的魚種有：

馬頭魚・紅新娘・草魚頭・黑格・鱈魚・金目鱸魚・梳齒・青衣・石雕

豉油皇蒸魚

材料

新鮮魚1條（約450公克）、蔥2支、薑絲2大匙、蔥絲1/2杯、香菜段1/2杯

調味料

醬油2大匙、糖1/2茶匙、水4大匙、白胡椒粉少許

做法

1. 魚打理乾淨，擦乾水分。在魚背上肉較厚之處劃上一道刀口；蔥切成長段。
2. 在蒸盤上墊上蔥段，放上魚後撒上薑絲，入蒸鍋內以大火蒸約10分鐘，至魚熟後端出。倒出蒸魚的汁，夾掉蔥段，在魚身上撒下白胡椒粉。
3. 炒鍋中燒熱2大匙油，倒下調勻的調味料，一滾即關火，放入蔥絲，全部淋在魚身上。

豉油是廣東人稱上好的醬油。

雪筍蒸銀鯧

材料

鯧魚1條（約450公克）、雪裏紅100公克、肉末約1大匙、筍絲1/2杯、蔥1支、薑2片、紅辣椒絲少許

調味料

①酒1大匙、鹽1/2茶匙
②淡色醬油1茶匙、糖1/2茶匙、胡椒粉少許、水4大匙

做法

1 鯧魚洗淨，修剪魚鰭和魚尾，並在兩面的魚肉上分別切上刀口，用調味料①抹勻，醃約10分鐘。

2 雪裏紅沖洗乾淨，以免有沙，切碎後擠乾水分。

3 起油鍋用2大匙油將肉末先炒香，加入筍絲炒勻，再放下雪裏紅炒勻，加入調味料②，大火炒熟，盛出。

4 蒸盤上抹少許油，在盤子上放上蔥段，再放上魚，魚身上再放上薑片。

5 蒸鍋水滾後，放入鯧魚，蒸約6分鐘左右，開鍋把雪菜鋪放在魚身上，再續蒸6～7分鐘，以筷子試插入魚肉中，熟了即可關火，撒上紅椒絲。

6 取出魚，換到餐盤中上桌。

★醃魚後如有水分滲出，則要倒掉。
★雪裏紅晚一點放入，可以保持它的脆度，如嫌麻煩，也可以不炒雪裏紅，直接把各種材料和調味料②加2大匙油拌勻，撒在魚身上蒸熟。

豆豉辣椒蒸魚

材料

草魚1段（約300公克）、黑豆豉1大匙、薑屑1/2大匙、紅辣椒屑1/2大匙、蔥粒1大匙

調味料

①蔥1支、薑1片、鹽1/3茶匙、酒1大匙
②油1大匙、醬油2茶匙、糖1茶匙、水2大匙

做法

1 草魚沖一下、擦乾。在表面劃上一道刀口，用調味料①抹擦一遍，醃約5分鐘。清除蔥薑，放入蒸盤中。

2 豆豉泡水約3分鐘，取出放在小碗中，加薑末、紅椒屑及調味料②調勻，淋在魚身上。入鍋中以大火蒸約8～10分鐘至熟。

3 撒下蔥粒，再淋下1大匙燒熱的油便可上桌。

帶著大骨的魚比較厚，蒸的時間長，因此魚太厚時可以先開成兩片來蒸。

珊瑚魚塊

材料

草魚一段（約300公克）、大蒜末1大匙、薑末1茶匙、蔥花1大匙

調味料

①鹽1/3茶匙、太白粉1茶匙、酒1茶匙
②紅麴醬1大匙、糖2大匙、白醋2大匙、鹽1/4茶匙、水1/2杯、太白粉1茶匙、胡椒粉少許

做法

1 把魚切成塊，撒下調味料①拌勻，醃約10分鐘。

2 蒸鍋中水滾後，放入魚盤，大火蒸約8分鐘。

3 用1大匙油炒香大蒜末和薑末等，倒入調味料②煮滾，撒下蔥花，淋在魚塊上。

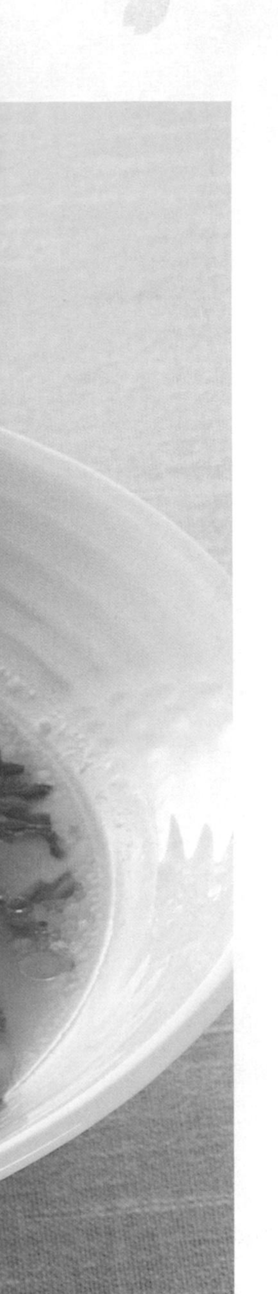

剁椒魚頭

材料

草魚魚頭1個 、蘿蔔乾50公克、紅辣椒150公克、大蒜1粒

調味料

鹽1/2茶匙、糖1/4茶匙、酒1大匙、油1大匙、水4大匙

做法

1. 紅辣椒剖開，除去辣椒子，剁成碎末，放入碗中，撒下約1/2茶匙的鹽拌勻，醃5～10分鐘（如圖1），將辣椒水倒出。
2. 蘿蔔乾先泡水漂去一些鹹味，再剁成細末，加入紅辣椒中（如圖2）。
3. 大蒜也剁碎，放入碗中，再加入其他的調味料拌勻。
4. 魚頭洗淨，對剖成兩半。鍋中煮滾5杯水，水中加蔥、薑和酒適量，放下魚頭川燙0.5分鐘，撈出，放在盤中（如圖3），撒上剁椒料。
5. 蒸鍋中水煮滾後，將魚盤放入，大火蒸13～15分鐘。

圖1

圖2

圖3

蘿蔔乾蒸魚頭

材料

草魚頭1/2個（約450公克）、蘿蔔乾150公克、蔥花1/2杯

調味料

①鹽1/2茶匙、酒1大匙
②醬油1大匙、糖2茶匙、油1½大匙

做法

1 魚頭洗淨，抹上調味料①，放置5分鐘後放在蒸盤上。

2 蘿蔔乾洗淨剁成細末（，若蘿蔔乾太鹹時，要先泡水漂去鹹味）。拌上調味料②，撒在魚頭上。

3 蒸鍋水滾後，放入魚頭蒸20～25分鐘，撒下蔥花，再蒸1～2分鐘後即可。

樹子蒸鮮魚

材料

紅新娘魚2條（約300公克）、罐頭樹子（破布子）2大匙、醬瓜2～3條、薑絲1大匙、蔥絲1大匙

調味料

醬瓜湯汁2大匙、樹子湯汁1大匙、酒1/2大匙

做法

1 將魚打理乾淨，放在抹了少許油的蒸盤上面。

2 醬瓜切成和樹子差不多大小的丁，和樹子混合撒在魚身上，再撒下薑絲和調勻的調味料。

3 入蒸鍋蒸至魚熟即可，撒下蔥絲即關火，取出上桌。

蒜蓉蒸魚片

材料

紅尼羅魚1條或白色魚肉300公克、大蒜泥1大匙、蔥花1大匙

調味料

①酒2茶匙、醬油2茶匙、鹽1/4茶匙、水3大匙
②淡色醬油1大匙、胡椒粉少許、水2大匙、油1大匙

做法

1 魚洗淨擦乾後由背部劃開，取下兩面的魚肉，打斜切片，排入盤中。

2 大蒜泥和調味料①調勻，淋在魚片上，入鍋蒸5分鐘。取出撒上蔥花。

3 調味料②在小鍋中煮滾，淋在蔥花上，同時將汁澆淋在魚片上。

雙冬蒸鮮魚

材料

新鮮魚1條（約450公克）、蔥花1大匙、冬菇2朵、冬菜2大匙、蔥絲1大匙

調味料

醬油1大匙、糖2茶匙、水1/3杯

做法

1 魚打理乾淨，擦乾水分，在肉厚處劃上刀痕，放在蒸盤上。

2 香菇泡軟、切成細絲。冬菜泡水1～2分鐘，沖淨沙子，擠乾水分。

3 起油鍋用2大匙油炒香蔥花、香菇和冬菜，加入調味料，煮滾後淋在魚上。

4 入蒸鍋大火蒸15分鐘，在撒上蔥絲即可。

麒麟魚

材料

鱸魚（或石斑魚）1條（約750公克重）、香菇6朵、熟火腿12片、薑片4片、青花菜適量

調味料

①鹽1/2茶匙、酒1/2大匙
②清湯1杯、鹽少許、麻油1茶匙、太白粉2茶匙

做法

1. 將魚打理乾淨後切下頭和尾。由背部下刀沿著脊骨劃切，取下整片魚肉（兩面），剔除腹部的魚刺。
2. 將美一片魚肉切成6小片，用酒及鹽抹一下後，按原形在盤內排成2行（盤上抹少許油）。
3. 香菇泡軟切片。取冬菇和火腿片各1片，夾在魚片中間，使成白黑紅相間。薑片散置在魚上面。用大火蒸約7分鐘即可取出。
4. 倒棄汁液，排放燙煮過之青花菜。小鍋內煮滾調味料②，淋到魚上以增香氣及光亮。

泰式檸檬魚

材料

鱸魚1條、大蒜末1大匙、紅辣椒末2茶匙、香菜末1大匙、香菜段適量

調味料

①鹽少許、酒1茶匙
②糖2茶匙、檸檬汁3大匙、魚露2大匙、熱高湯（或水）1杯

做法

1 鱸魚洗淨，由腹部剖開，但背部仍相連成一整片。放在蒸盤上，撒上少許鹽和酒。

2 水滾後放魚盤入蒸鍋內，用大火蒸8～9分鐘。見魚已熟，取出魚盤，將蒸魚汁倒掉。

3 碗中將香菜末、蒜末、辣椒末和調味料調勻，淋到魚身上，在放入蒸籠內蒸約0.5分鐘後取出，撒上香菜段上桌。

酸辣屑子魚

材料

鯧魚1條（約12兩）、絞肉3大匙、木耳屑2大匙、大蒜屑1大匙、薑屑1茶匙、芹菜屑2大匙、紅辣椒屑1大匙、蔥屑2大匙

調味料

醬油2大匙、酒1大匙、水4大匙、鹽1/2茶匙、糖1茶匙、醋3大匙、胡椒粉1/4茶匙、麻油1茶匙、太白粉2茶匙

做法

1. 將鯧魚打理乾淨，在背部肉厚處直劃一刀，抹少許鹽和酒放置10分鐘，上鍋蒸熟（約10分鐘），倒出蒸魚所出的湯汁。
2. 鍋中用1大匙油炒散絞肉，再加大蒜屑及薑屑炒香，倒入木耳和調勻的調味料炒滾，撒下芹菜屑、紅椒屑及蔥屑，便做成辣椒屑子汁。
3. 將屑子汁淋在魚上便可上桌。

香菇肉燥蒸鮭魚

材料

新鮮鮭魚淨肉150公克、嫩豆腐1盒、肉燥2大匙、蔥屑1大匙

做法

1 將鮭魚切成3公分寬×5公分長×0.5公分厚的長方片。

2 嫩豆腐也切成和鮭魚相同的大小，兩者相間隔的鋪排在深盤中。

3 將2大匙肉燥撒在鮭魚及豆腐上，入鍋蒸8～10分鐘，撒下蔥屑，再燜0.5分鐘即可取出上桌。

★除肉燥外還可以用炒過的蝦籽（蝦膏）或肉醬來蒸。
★自製肉燥：用油炒香絞肉及香菇屑，加酒、醬油、糖、鹽、五香粉、紅蔥酥及水同煮，至肉香汁乾便是肉燥（約1小時）。

豆酥魚片

材料

黃豆豉1/2球、大蒜屑1/2大匙、薑末1茶匙、蔥花2大匙

調味料

①鹽、酒、胡椒粉各少許
②辣豆瓣醬1/2茶匙、酒1茶匙、糖1/4茶匙、麻油少許

做法

1. 百頁豆腐切厚片，用滾水快速燙一下，瀝乾水分放在盤子上。
2. 魚肉打斜切片，拌上調味料①，排在豆腐上，蒸約7～8分鐘至熟，取出倒掉湯汁。
3. 黃豆豉剁得非常細。鍋中用３大匙油先炒蒜末、薑末和豆豉末，小火炒出香味且成為金黃色後，加入辣豆瓣醬等調味料炒勻。
4. 趁熱淋在魚片上，撒下蔥末即可。

芙蓉蒸魚球

材料

鱈魚1片（約300公克）、蛋4個、芹菜粒1大匙、香菜末適量

調味料

①鹽1/4茶匙、太白粉1/2大匙
②鹽1/2茶匙、水1½杯
③清湯或水3/4杯、醬油2茶匙、白胡椒粉少許、麻油少許

做法

1 鱈魚去骨，將肉切成四方塊，加調味料①拌勻，醃5分鐘後用滾水川燙10秒鐘。

2 蛋加調味料②打散，盛入水盤中，入鍋蒸至8分熟（先以大火蒸3分鐘，改小火再蒸約10分鐘），放上魚塊後，再蒸4-5分鐘。

3 煮滾調味料③，關火後放入芹菜粒，淋在魚球上，再撒上香菜末即完成。

補氣鱸魚湯

材料

鱸魚1條（約600公克重）、醬瓜或榨菜1大匙、滾水4杯

調味料

酒1大匙、當歸1片、參鬚3小支、枸杞1大匙

做法

1 將鱸魚切成段、擺放在燉碗中。

2 將醬瓜及調味料加進魚段內，並注入滾水4杯，上鍋以大火蒸20分鐘，至藥膳香味已釋出即可。

滋補藥膳以吃原味爲多，香氣較佳，此湯以醬瓜或榨菜、醬冬瓜等醃漬物代替鹽的鹹味，湯汁喝起來較甘甜。

XO醬蒸魚球

材料

白色魚肉300公克、西洋菜1把、蔥花1大匙

調味料

①麻油1茶匙、鹽1/4茶匙
②XO醬2大匙、鹽1/4茶匙、水2大匙、辣油1/2茶匙

做法

1 西洋菜切約3公分段，用滾水燙軟，沖涼並擠乾水分，拌上調味料①放盤中。

2 魚肉切塊，拌上約1大匙的太白粉，放在西洋菜上，淋下調好的②調味料，蒸約8分鐘。

3 開鍋趁熱撒上蔥花，取出上桌。

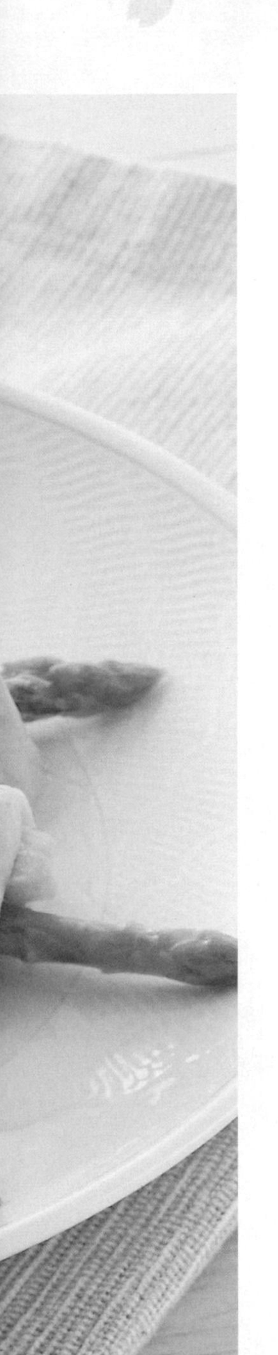

蘆筍魚捲

材料

白色魚肉300公克、熟髮菜2大匙、蘆筍10支

醃魚片料

蛋白1茶匙、鹽1/2茶匙、胡椒粉適量、太白粉1茶匙、酒1茶匙

調味汁

高湯1/2杯、鹽1/4茶匙、太白粉水適量、麻油少許

做法

1. 蘆筍用開水燙1分鐘，撈出沖涼，取筍尖部位，切成比魚片長2公分的筍段。
2. 魚肉順紋切成大薄片，用醃魚片料拌勻，醃10分鐘。
3. 取醃過的魚片，每片攤開放1段蘆筍，捲成筒狀後，用髮菜繞一圈在中間。
4. 捲好的魚捲整齊地排列在盤中，以大火蒸6分鐘。小鍋中把調味汁煮滾，淋在蘆筍魚捲上即可。

乾髮菜泡軟之後，加2片薑和1大匙醬油蒸10分鐘，待有些軟化後即爲熟髮菜。

漬鱈魚

材料

鱈魚1片（約300公克）、蔥絲2大匙、薑絲1大匙

醃魚片料

細味噌2大匙、味醂2大匙、水2大匙

做法

1 將醃魚料仔細調勻，塗抹在鱈魚片上，移入冰箱冷藏室，醃漬一天。

2 漬過的鱈魚稍微沖洗一下，瀝乾水分後移入盤，撒下蔥、薑絲，入鍋以大火蒸8分鐘即可。

除鱈魚外，亦可用旗魚片或魠魠魚來醃漬，均非常入味。清蒸是最方便又簡單，且不失香氣的做法，亦可以用煎或烤來烹調，均是不錯的選擇。

碧綠魚捲

材料

石斑魚肉450公克、蘆荀8支、 紅甜椒1/4個、蔥2支

調味料

蠔油1/2茶匙、酒1茶匙、鹽1/4茶匙、油1/2茶匙、麻油1/2茶匙、水2/3杯、太白粉1/2茶匙

做法

1. 魚肉打斜切成大片，排在砧版上，撒少許鹽和酒，拍勻，放置一下。
2. 將蘆荀削去硬皮，用熱水川燙1分鐘（水中加鹽少許），撈出後用冷水沖泡至涼。
3. 切下蘆筍嫩的尖端，包捲入魚片中。魚捲排在抹油的蒸盤中，放在2支蔥段，蒸5分鐘便可取出，換入餐盤中。
4. 其餘部分的蘆筍切長段，和切成粗絲的紅甜椒同炒一下，加少許鹽和胡椒粉調味，放置盤中。
5. 將調味料煮滾後，淋在魚捲和炒蘆荀上。

清蒸活蝦

材料

活斑節蝦200公克、蔥1支、薑2片

調味料

酒1茶匙、醬油1大匙、山葵醬1茶匙、美奶滋1茶匙

做法

1. 蝦沖洗一下，放在蒸盤中。
2. 加入蔥段、薑片和酒，快速放入水已煮滾的蒸鍋中（以防蝦會跳走），大火蒸4分鐘。取出裝盤。
3. 山葵醬（哇沙米）加美奶滋攪勻，醬油放小碟中，加入山葵醬，隨蝦一起上桌沾食。

★山葵醬中調一些美奶滋會使衝味減低，口感更滑順。

★活的斑節蝦或沙蝦不用抽腸泥，其他海蝦如劍蝦、蘆蝦就一定要抽沙腸再蒸。

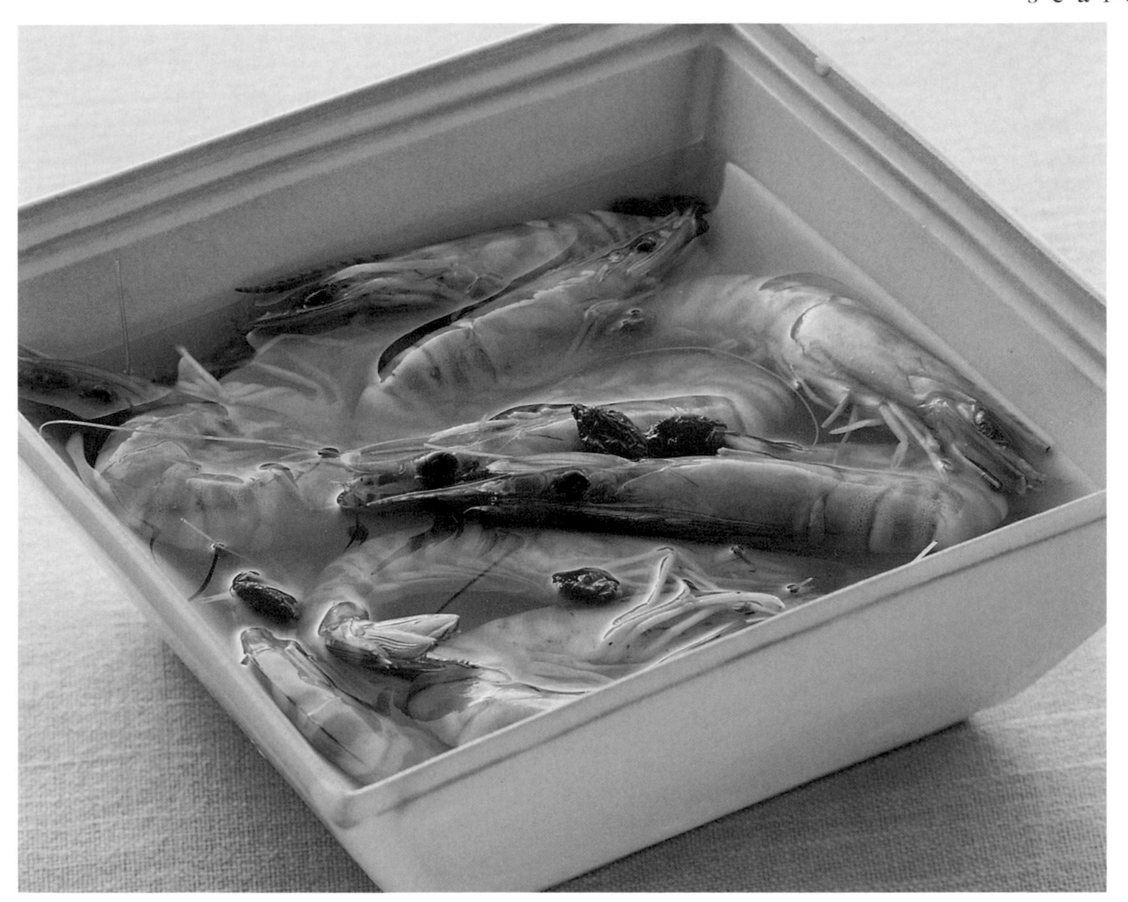

醉蝦

材料

活斑節蝦200公克、蔥1支、薑2片、枸杞子1大匙

醃魚片料

魚露1大匙、紹興酒1/2大匙、水1杯

做法

1 照清蒸活蝦的方法把蝦蒸熟。

2 枸杞子用水沖洗一下。

3 魚露等調味料放入碗中調勻，放下蝦子和枸杞子浸泡30分鐘即可。

魚露和紹興酒的量可以依個人口味增加。

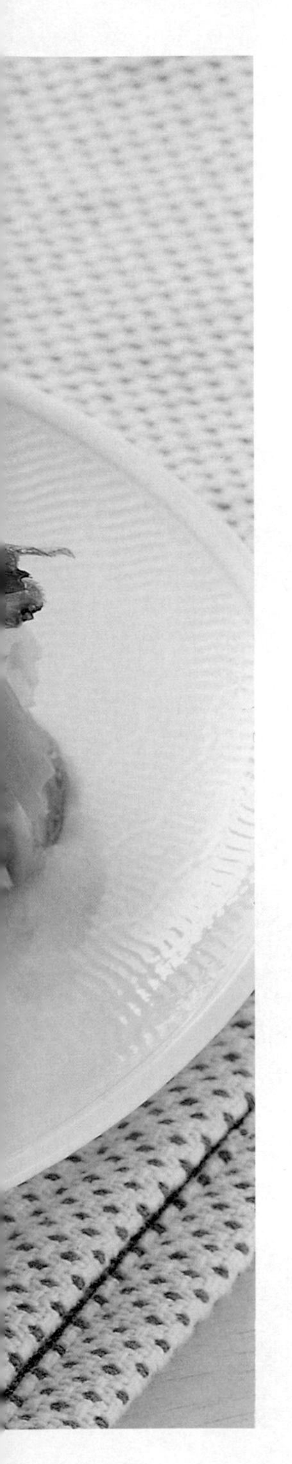

三絲鳳尾蝦

材料

草蝦6隻、香菇2朵、蛋1個、豌豆莢4～5片、百頁豆腐1條、清湯2/3杯

調味料

鹽、酒、太白粉各少許

蒸香菇料

醬油2茶匙、糖1茶匙、油1茶匙、水1/2杯

做法

1. 草蝦剝殼，但要留下尾殼，在蝦背上深深地劃切一刀，用調味料抓拌，醃片刻。
2. 香菇泡軟後剪去蒂頭，加上蒸香菇料，放入電鍋中，外鍋加1杯水蒸20分鐘。待涼後切成細絲。
3. 蛋打勻、煎成蛋皮，切成絲。豌豆莢也切絲。
4. 百頁豆腐切成厚片，放在盤子上，撒上少許鹽和太白粉，再放上一隻草蝦，蝦背上放上3種絲料各數條。
5. 蒸鍋中水煮滾後，放入鳳尾蝦，大火蒸4分鐘，取出。清湯煮滾，調味並勾少許芡，淋在鳳尾蝦上，可以配上一些炒的蔬菜。

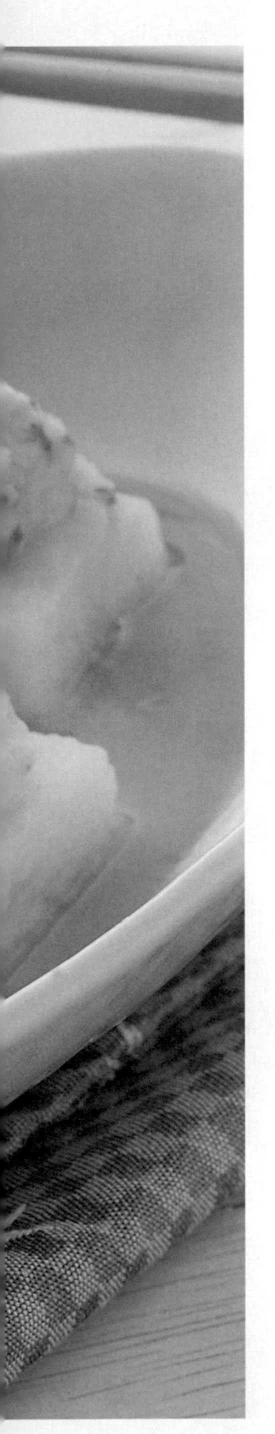

百花山藥

材料

草蝦仁150公克、荸薺2～3粒、香菜1支、山藥300公克

調味料

①蛋白1/2大匙、鹽、胡椒粉各少許、麻油1/4茶匙、太白粉1茶匙

②水1/2杯、鹽少許、太白粉水1茶匙、麻油數滴

做法

1. 山藥削去外皮，切成厚片，放在蒸盤中，蒸2～3分鐘後取出，用小湯匙挖出少許山藥泥，使山藥成凹洞形，在山藥表面撒下少許鹽和太白粉。
2. 草蝦仁用刀面拍扁、再略剁碎幾刀，加入調味料①和挖出的山藥泥，順同一方向攪拌、摔打，使成爲有黏性的蝦泥，再加入剁碎的荸薺和香菜末拌勻。
3. 將約1大匙的蝦泥料做成圓形，放在山藥的凹洞中。手指沾水，抹光蝦泥表面。
4. 蒸鍋水滾後，放入山藥，以大火蒸約8～10分鐘，熟後取出。
5. 調味料②煮滾，淋在百花山藥上。

蝦泥不要剁得太碎，但要攪拌至有黏性。 也可以用豬絞肉或雞絞肉代替蝦仁。

翡翠花枝捲

材料

花枝肉300公克、高麗菜1棵、火腿屑2大匙、蔥2支、薑2片、清湯1杯、豆苗適量

調味料

①酒1茶匙、鹽、糖各1/4茶匙、胡椒粉少許

②鹽少許、太白粉水少許

做法

1 蔥薑拍碎，泡在3大匙水中，做成蔥薑水。花枝肉切成小塊，放入食物調理機中，同時加入蔥薑水和調味料①，打成花枝漿。

2 在高麗菜的蒂頭處切4刀（成一個口字），放入滾水中燙煮1分鐘，使菜葉變軟，以便剝下菜葉，如高麗菜較大，有4片葉片即可，立刻浸入冷水中至涼。

3 把葉梗較厚的地方修薄，再修切成4公分寬、9～10公分長。

4 將花枝漿放在葉片上，手指沾水，抹光花枝漿的表面，捲起成筒狀，兩端沾上少許火腿屑，排在盤中。

5 蒸鍋中水滾後放入花枝捲，大火蒸6～7分鐘，取出，換入大盤中。

6 清湯煮滾，加少許鹽調味，再用太白粉水勾成薄芡，淋在花枝捲上。再將炒好的豆苗放在盤中上桌。

花枝漿不用打太細，留有一些顆粒，口感較好吃。

薑絲蒸中卷

材料

中卷300公克、薑絲1～2大匙

調味料

鹽少許、酒1/2大匙

做法

1 中卷沖洗一下，擦乾水分，排入盤中，薄薄的撒下一點鹽，滴下酒，再撒下薑絲。

2 蒸鍋或電鍋中水滾後，放入中卷，蒸約8分鐘便可取出。

★有些人喜歡將中卷的頭抽出，洗淨內臟後再蒸，也有人認爲保留內臟滋味較甜，可隨個人喜好。

★也可以蒸時不加鹽，蒸好後附五味醬或甜辣醬沾食。

鮮茄白酒蒸蛤蜊

材料

蛤蜊300公克、洋蔥屑3大匙、大蒜屑1大匙、青椒末1大匙、番茄丁1杯

調味料

橄欖油1大匙、白酒2大匙、水2大匙、鹽和白胡椒粉各少許、檸檬汁1/2大匙

做法

1. 蛤蜊放在淡的鹽水中泡1～2小時（水不要全部蓋住蛤蜊），使蛤蜊吐盡沙子，沖洗一下，放在有深度的水盤中。
2. 鍋中用橄欖油炒香洋蔥和大蒜屑，再加入去籽的番茄丁，小火炒至微軟，加入青椒末再淋下酒、水、鹽和胡椒粉，煮至汁滾，淋在蛤蜊盤中。
3. 蒸鍋中水滾後，放入水盤，蓋好鍋蓋，蒸至蛤蜊開口（約3～4分鐘），取出水盤。
4. 將汁和料用小湯勺舀起，淋在蛤蜊上，再滴下少許檸檬汁便可上桌。

也可以用電鍋蒸，電鍋中放入2/3杯水，待水蒸氣冒出時再放入蛤蜊，蒸至開口便可。

蔥油九孔

材料

九孔10粒、蔥2支、紅椒絲少許

調味料

醬油1大匙、水2大匙、白胡椒粉少許、醋2～3滴、麻油數滴

做法

1 九孔儘量選購大小相同的。臨烹調前將每個都刷洗乾淨，並摘除底面之腹部和嘴尖（嘴尖部分易含沙），排列在盤中。

2 蔥橫面剖開，再打斜切絲，和紅辣椒絲分別在冷水中泡一下，撈出瀝乾。

3 待蒸鍋中水煮滾，放入九孔，用大火蒸約4分鐘至熟。

4 小鍋中加熱1大匙油，放下蔥絲，隨即倒下調勻的調味料，一滾即關火。

5 將九孔取出，淋下蔥油汁、飾以紅椒條即可上桌食用。

★有人習慣保留九孔腹部，僅摘除嘴尖部分。

★傳統蔥油的做法是將蔥撒在蒸好的材料上，再淋上燒得極熱的油，以激發出蔥香，現代人怕太油膩，因此將蔥在鍋中以少量油爆香，再加調味料一起煮滾，淋在食物上增香。

樹子蒸蚵

材料

蚵200公克、豆腐1小塊、蒜末1大匙、薑末1茶匙、辣椒末少許（去籽）、蔥花1大匙

調味料

樹子1大匙、豆豉1大匙、糖1/4茶匙、淡色醬油1大匙、麻油1茶匙、沙拉油1茶匙

做法

1. 豆腐切成小塊，鋪在盤中。
2. 蚵抓洗乾淨，並瀝乾水分後，鋪在豆腐丁上。
3. 將豆豉剁數刀，不用太碎，加上各調味料拌勻，平鋪在蚵仔豆腐上，並撒下蒜末、薑末和辣椒末，上蒸鍋用大火蒸8分鐘後，再撒下蔥花，續蒸30秒後，迅速起鍋即可食用。

蔥薑蒸鮮貝

材料

新鮮干貝6粒、蔥1/3杯、薑絲2大匙、胡蘿蔔絲2大匙、芥蘭菜或菠菜2支、太白粉1茶匙

調味料

水3/4杯 酒1/2大匙、鹽1/4茶匙、油1/2大匙、胡椒粉少許

做法

1. 干貝橫剖爲2片，抓拌上太白粉，放置2～3分鐘。
2. 芥蘭菜葉摘好，放入滾水中一燙即撈出，沖冷水至涼，放入深盤中墊底。
3. 將鮮貝鋪放在芥蘭菜葉上，再在上面撒下蔥、薑絲及胡蘿蔔各少許。
4. 調味料在碗中調勻，注入干貝中，在放入蒸籠內蒸3分鐘即成，也可放在烤箱中烤熟。

牛豬類

beef&pork

認識豬肉

在烹煮一道肉類菜式之前，也和做其他任何料理一樣，先要挑對肉的部位。豬雖然不如牛那樣大，不同部位的老、嫩，沒有牛肉那麼明顯，但因其肥瘦比例的不同，仍會造成口感上的差別。因此要先依個人喜愛的肉質口感來選擇要買的部位，再依那個部位的特性做前處理和烹調。

以最常用到的肉絲來舉例，只要是豬身上瘦肉的部分均可切成肉絲來炒，例如小里脊、豬大排肉、前腿肉、後腿肉、邊肉或老鼠肉（後腿心）。其中以小里脊切出來的肉絲最嫩，適合老年人和小孩子，但也因爲它太嫩，炒的時候容易斷裂、變碎，所以不能切太細；翻炒時也要小心一些，但我覺得這部分炒起來不夠漂亮。而大排肉、前腿和後腿肉的瘦肉部分，脂肪少，會比小里脊乾些，因此在醃肉絲時要多抓拌些水分，使肉吸收、膨脹，再拌上太白粉，過油炒過後，就會變得嫩又好吃。我自己最愛邊肉，它位在脊椎前端，又Q又嫩，但是數量不多，要早起的人才買得到。

撇開豬的內臟和頭部不談，我先將豬分成4個部分──前腿、後腿、背部和腹部來做介紹：

【前腿】

兩條前腿中包夾著心臟，因此前腿肉也稱爲夾心肉。兩邊前腿肉中各有一塊長圓形的肉，即通稱的梅花肉，瘦肉中帶著軟筋、油花，是前腿肉中的精華，可以紅燒、烤、炒、炸、滷，做成絞肉，或冷凍後切成火鍋肉片來應用。其他的前腿肉以做絞肉爲主，絞肉的肥瘦比例一般多是2：8或3：7，以健康考量，肥的不宜多，但是全瘦的又會較爲乾澀，因此可以添加配料如豆腐泥、蔬菜末、蛋汁、芡粉和水以增加絞肉的嫩度。前腿豬腳的肉較多，上半部可以開出一個小蹄膀，都可以滷、煮或紅燒。

【後腿】

後腿肉價位較低、肉質較老硬，家常用的只有蹄膀、後豬腳（筋多肉少）和俗稱老鼠肉的後腿肉心。後腿瘦肉可以切肉絲或加上肥肉絞成絞肉，大部分做成食品加工的豬肉乾、肉鬆、肉脯類。

【背部】

以脊椎爲主，沿著脊椎的兩旁，各可以開出兩長條帶骨的豬里脊肉排，肉和骨頭分割開來，即爲豬大排肉和里脊排骨（俗稱小排）；另外，在中段（即腰的部分）可以開出小里脊肉（俗稱腰內肉）。整條豬大排肉以前面的1/3段比較嫩，肉呈現深淺紅色，是最好吃的一段。但要切肉絲則以後段才適合，肉平整、沒有花筋比較好切。（裡脊肉亦有人寫做里肌肉）。

【腹部】

由背部向兩側朝下延伸到肚囊，主要以包住肋骨的五花肉爲主。這兩側的肉如果把肋骨一支一支剔掉，開出來的就是五花肉；若是以肋骨爲主、連著五花肉一起切下來的，就是五花肉排，也稱爲肋排、子排。五花肉排有一端肉層較薄，只帶有一層五花肉的瘦肉層；另一端肉層厚，帶有瘦、肥、瘦三層五花肉。後者因爲帶有三層的五花肉層，所以瘦肉不柴，最好吃。做香烤肋排、紅燒子排、荷葉粉蒸排骨、無錫肉骨頭，它都是首選材料。

除了這4個部分之外，不能不談的是煮湯排骨。用來燉湯的骨頭有很多種：中藥燉補常用尾椎骨；日式拉麵用大腿骨熬湯頭；關節骨多油香；梅花骨肉多、湯濃、白煮之後可以啃骨頭吃肉；夾心骨的肉雖不如梅花骨多，但整支剁起來整齊好看；脊椎骨較便宜；肩胛軟骨多膠質。整體而言，骨頭部分的鈣質多，因需長時間熬煮，可以一次多燉一些，再加不同材料變化。

豬肉的絞肉、肉排、前腿梅花肉、小排骨和五花肉，每個部分都各有特色，每次上菜市場我都會各買上一些，尤其絞肉和肉絲更是搭配炒菜時不能少的，再加上蹄膀、豬腳類。

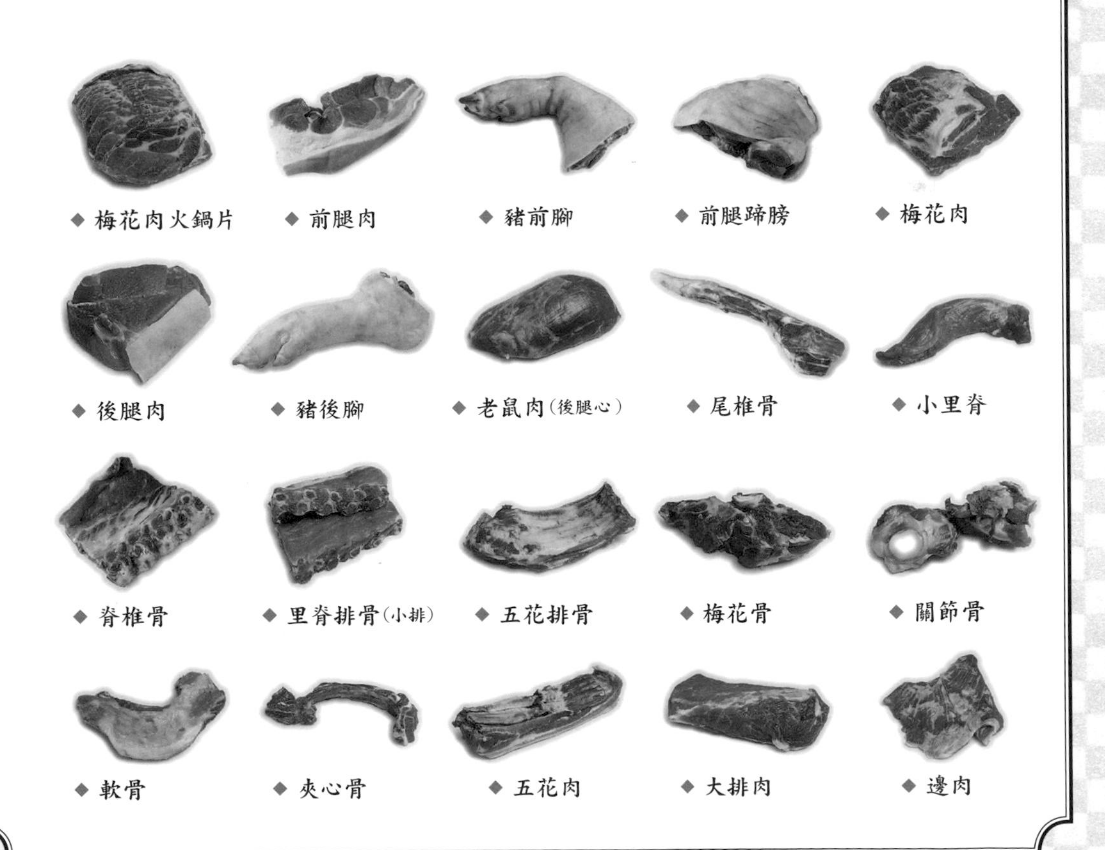

佛跳牆

材料

水發排翅300公克、干貝6粒、豬肚1/2個、新鮮鮑魚200公克、雞腿2支、豬腳450公克、魚皮200公克、香菇6朵、白果1/2杯、筍2支、栗子12粒、高湯4杯

調味料

鹽適量

做法

1. 魚翅放入碗中，加蔥、薑、酒和水蒸30分鐘，水倒掉。
2. 豬肚、豬腳、雞腿、鮑魚、魚皮分別剁切成小塊，用滾水燙過。
3. 豬肚加水、蔥1支、薑2片、酒1大匙和八角一起煮1小時，取出待稍涼後切成寬條。
4. 豬腳加蔥段、薑片、酒和水煮30分鐘。
5. 香菇泡軟，切片；筍切塊；栗子去薄衣；新鮮白果剝殼、去薄膜（真空包裝的白果，只要沖洗一下即可用）。
6. 甕中先放筍塊、栗子、白果（如圖1），再放香菇、豬腳、雞塊、豬肚、鮑魚（如圖2）、魚皮、干貝和魚翅（如圖3），高湯加鹽調味後淋入甕中，用玻璃紙封好甕口，上鍋蒸或燉2.5小時至3小時，上桌揭開玻璃紙即可。

圖1

圖2

圖3

兩筋一湯

材料

絞肉300公克、豆腐衣3張、大油麵筋10個、火腿1小塊、雞架子1個、蔥3支、薑1片

調味料

①淡色醬油1/2大匙、鹽1/4茶匙、麻油1茶匙、胡椒粉少許
②鹽適量

做法

1 絞肉中加入蔥屑1大匙和調味料①拌均勻。火腿整塊蒸熟後放涼，切成薄片。

2 雞架子燙過、洗淨，湯鍋中煮滾8杯水，放入雞架子、蔥和薑，用小火煮1小時以上，做成高湯，撈棄雞骨架。

3 油麵筋用溫水泡一下，擠乾水分，剪一個小洞，放入約1大匙的肉餡，包捲成橄欖形。

4 豆腐衣每張切成3小張，也包入肉餡，包成長筒形。

5 將火腿排在1個中型碗的中間成一排，2種肉捲分別排在兩邊，注入2/3杯雞清湯（湯中加少許鹽），上鍋大火蒸20分鐘。

6 泌出湯汁，將碗中材料倒扣在大湯碗中，注入調過味道的高湯和蒸出的湯汁。

★可在雞高湯中加一些蒸火腿的湯汁來添加鮮味。
★雞高湯要以小火來煮，要保持湯的清澈才好看。也可以在肉鍋中放雞架子和5杯水，蒸1小時以上，作成高湯。

清蒸邊肉

材料

邊肉250公克

蒜泥料

大蒜泥1茶匙、冷清湯2大匙、醬油膏1 1/2大匙、糖1/4茶匙、辣油1茶匙、麻油1/2茶匙

做法

1. 邊肉略沖洗一下，放入水盤中，加水至肉的一半高度。
2. 電鍋中加1杯水，將水盤放入，蒸至開關跳起，燜5～10分鐘後再開蓋取出。
3. 放至肉略涼一些，打斜切成片，排在盤中。
4. 小碗中將蒜泥料調勻，淋在肉片上或裝在小碗中隨肉一起上桌沾食。

★邊肉也被稱爲霜降豬肉，在瘦肉中略帶有油花，清蒸也很香。
★除邊肉外，可以選用較完整、蒸熟後不會散開的部分，如前腿梅花肉、五花肉，或後腿中有一塊橢圓形的肉（俗稱老鼠肉）。

材料

前腿肉200公克、鹹鮭魚1片（約150公克）、山藥300公克、蔥花1大匙

調味料

淡色醬油1大匙、鹽少許、水3～4大匙、太白粉2茶匙、麻油1茶匙、胡椒粉少許

做法

1. 前腿肉切成小丁，再略剁幾刀，以便使肉產生黏性。放入碗中，加醬油、鹽和水先拌勻，再加入其他調味料和蔥花拌勻。
2. 鹹鮭魚沖洗一下，切成丁（去骨）；山藥削皮也切成丁。
3. 把鹹鮭魚和山藥丁一起放入碗中，大略拌勻一下，放入有深度的盤中。
4. 蒸鍋中水煮滾，用電鍋時要放入1杯水在外鍋中，放入盤子，蒸15鐘左右。取出即可上桌。

★可以用比較厚的烤肉用梅花肉片來改刀切成丁，切丁的肉比較有口感、好吃，嫌麻煩的話，就用粗的絞肉代替。

★肉丁等料放在深盤中後、要把肉料攤平一點，以使肉料均勻致熟。

蘇造肉

材料

後腿肉（四方形）600公克、鋁箔紙1張、蔥2支、薑3片、花椒粒1大匙

醃肉料

醬油4大匙

調味料

太白粉水適量、麻油少許

做法

1. 四方形的後腿肉先修掉肉皮和部分的肥肉，肥肉僅留約1公分，用醃肉料浸泡半天，泡時要多翻面，以使肉均勻上色。
2. 以熱油炸黃醃過的肉塊。
3. 鋁箔紙攤開，放下炸黃的肉塊和蔥、薑、花椒及醃肉剩的醬油，將鋁箔紙緊緊地包紮，上鍋蒸1小時。取出待涼。
4. 涼透的肉需半天才會變硬，以利刀片切成大薄片裝盤。
5. 將蒸肉的原汁倒入炒菜鍋內，以太白粉水勾成薄芡，再滴點麻油，淋在肉片上便可。

麵醬蒸肉

材料

五花肉或梅花肉300公克、馬鈴薯1個、胡蘿蔔1/2條

醃肉料

甜麵醬2大匙、酒1大匙、糖1茶匙、胡椒粉適量、麻油2茶匙、水3大匙

做法

1 五花肉切成適當大小，用調勻的醃肉料拌勻，醃1小時。

2 馬鈴薯和胡蘿蔔切成大丁狀，置入盤中。

3 醃透的肉塊，均勻地放在做法2的盤內，入鍋蒸40分鐘即可。

蒸三片

材料

肉片12片、豬肝片12片、大頭菜300公克

蒸料

蔥花1大匙、淡色醬油2大匙、麻油1大匙、水2大匙、胡椒粉少許

做法

1. 大頭菜片切成薄片。
2. 一片肉片、一片大頭菜、一片豬肝，依序排列在盤內。
3. 將蒸料先在1個小碗內調勻後，淋在三片上，上鍋蒸8分鐘便成。

荔甫扣肉

材料

五花肉一整塊（約700～800公克）、大芋頭1個

調味料

醬油5大匙、酒1大匙、糖1大匙、五香粉1/4茶匙、 大蒜屑1大匙

做法

1 五花肉放入滾水中，煮約40分鐘至完全熟透。

2 取出肉後擦乾水分，泡入醬油中，把肉的四周都泡上色後，投入熱油中炸黃外層。撈出肉，立刻泡入冷水中。

3 泡約5~6分鐘後，見外皮已起水泡，取出肉，切成大片。

4 大芋頭削皮後切成和肉一樣大的片狀，也用醬油拌一下，炸黃備用。

5 在大碗中把芋頭和五花肉相間隔排好，多餘的肉片和芋頭排在碗中間，淋醬油和其他的調味料，放入蒸籠或電鍋中，蒸約1½小時至肉夠軟爛，取出。

6 將湯汁泌入鍋中煮滾，肉和芋頭倒扣在大盤中，將肉汁淋在扣肉上即可。

傳統扣肉的做法雖然比較麻煩又費油去炸，但經過多次處理後肥肉層的油都蒸出來了，五花肉也不油膩了，一次可以做2～3份，吃時再回蒸。可以用梅乾菜代替芋頭做梅乾扣肉。

蠔乾魷魚燉豬肉

材料
五花肉300公克、乾魷魚1/2條、蠔乾6個、蔥段數支、薑片3大片

泡魷魚料
鹽1/2大匙、水3杯

調味料
酒1大匙、醬油膏3大匙、冰糖少許、胡椒粉少許、麻油適量

做法
1. 乾魷魚1/2條用泡魷魚料泡2小時，至軟化後，切成適當大小的塊狀。
2. 蠔乾用冷水浸泡0.5小時。
3. 五花肉切成塊狀。
4. 備一深碟，置入做法（1）、（2）、（3）項的材料和蔥、薑，再淋下調味料，抓拌均勻。移入電鍋中蒸1小時左右便可。

五花肉可以先用調味料拌勻，醃0.5小時後再去蒸，肉會比較上色。

辣炒肉片

材料

清蒸邊肉1塊、紅辣椒2支、大蒜2～3粒、蔥2支

調味料

醬油膏1大匙、蒸肉汁2大匙、鹽和糖各少許

做法

1 邊肉依照前面的方法蒸好、切片。紅辣椒切片（喜歡辣一點的話，可以保留部分辣椒籽）；大蒜切片；蔥切段。

2 鍋中加熱2大匙油，放下大蒜片爆香，再加入肉片炒至熱透，淋下調勻的調味料和蔥段及辣椒片，炒勻即可裝盤。

蒸可以做爲一種前處理的方法，蒸好的肉可以再加配料去炒，以增加變化。

芋頭排骨湯

材料

小排骨3公分見方、芋頭1/2個（約300公克）、大蒜10小粒、蔥段適量、滾水4杯

醃肉料

酒1大匙、醬油2大匙、五香粉1/4茶匙、胡椒粉少許、麻油1茶匙、地瓜粉3大匙

調味料

鹽適量、胡椒粉少許、糖1/2茶匙

做法

1. 小排骨用醃肉料（地瓜粉除外）拌勻，醃1小時後，再加入3大匙地瓜粉，拌勻。
2. 芋頭切成大塊狀（約4公分），用熱油炸至外皮堅硬，呈金黃色時撈起。繼續再炸拌了地瓜粉的小排骨及10粒的大蒜。
3. 將做法（2）中炸過的材料瀝乾油分後，置入大碗中，加入調味料及蔥段，並注入4杯滾水，上鍋蒸30分鐘即可。

荷葉粉蒸排骨

材料

五花肉子排（5～6公分長）8塊（約700公克）、 乾荷葉2張、蒸肉粉1½杯

醃肉料

蔥2支、醬油3大匙、糖1大匙、酒1大匙、 油2大匙、甜麵醬2茶匙

做法

1 做這道菜宜選用帶有肥肉層、較厚一端的五花肉排來做。洗淨、拭乾水分後，全部放在盆內，加入醃肉料充分攪拌均勻，醃約1小時。

2 乾荷葉洗乾淨，再用溫水泡軟，擦乾水分，1張分成4小張。

3 排骨醃過後，將蒸肉粉撒下，和排骨調拌均勻。攤開荷葉，上面放一塊排骨肉（要沾滿蒸肉粉），包成長方包。逐個做好後，整齊排列在蒸碗中。

4 將荷葉排骨連碗放入蒸鍋中。用中火蒸約3小時以上，至排骨夠爛即可取出，扣在大盤中。

怕太肥的人可以選瘦肉多的部位，或用梅花肉來做。蒸的時間可以縮短至2～2½小時。

豉汁蒸小排

材料

小排骨300公克、炸肉皮1塊、豆豉2大匙、紅辣椒屑1大匙、大蒜屑1大匙、太白粉1大匙

調味料

酒1大匙、鹽1/4茶匙、糖1茶匙、淡色醬油1茶匙、水2大匙

做法

1. 小排骨要剁成小塊，用太白粉拌勻，放置片刻。
2. 炸肉皮用水泡軟，切成小塊，舖放在蒸盤中。豆豉用冷水泡3～5分鐘。
3. 起油鍋炒香豆豉，淋下酒爆香，再加入其餘調味料炒勻，關火後放下小排骨拌合，盛入盤中的肉皮上。
4. 將紅辣椒屑和大蒜屑撒在小排骨上，大火蒸20分鐘即可。
5. 取出排骨後可以換一個盤子上桌。

清燉豬腳

材料

豬腳1隻（前後腳均可）、薑絲3大匙、鹽1/2茶匙

蒸料

當歸1片、酒1大匙、高湯（去油大骨或雞腿湯）4杯

沾汁

辣椒末1大匙、蔥花1大匙、醬油2大匙、醋1大匙、糖1茶匙、麻油1茶匙、鹽少許

做法

1 將已剁成小塊的豬腳以滾水川燙、去除血水，撈出後用冷水沖涼。

2 洗淨的豬腳放入鍋中，加水5杯再煮10分鐘，撈出沖涼後以大量冰塊和冰水浸泡0.5小時。

3 將冰鎮過的豬腳瀝乾水分，置入大碗中，加進蒸料，入鍋蒸至豬腳約8分爛，約50分鐘。

4 豬腳湯內加入少許鹽調味，食時用沾汁沾豬腳享用，再喝豬腳原湯。

較長時間的蒸，台語的發音和「燉」相同，這是一道台式的豬腳做法。

認識牛肉

中國自古以農立國，爲感念牛的辛勤工作，有許多人是不吃牛肉的，所以傳統牛肉的吃法並不多，比較善於烹調牛肉的當屬粵菜餐館。我想也許是廣東一帶接受西洋文化較早，思想較開放，比較能接受「吃」牛肉，因此能把牛肉做得很好吃。

牛肉的烹調方法其實可以分成兩類，一種是快速烹調至熟、吃的是牛肉的嫩；一種是長時間把肉燉煮至軟爛、吃的是肉的香和口感，這兩類的烹調法需要選擇的部位全然不同。

近幾年因爲進口牛肉的量很多，因此有了一些以前省產牛肉沒有的部位，這是因爲國外和我們切割牛肉的方式不同。最明顯的就是牛小排，我們是將肋骨剔除，分割成整塊的肋條肉，而西式切割是直接連骨、橫著鋸開成片狀的牛小排。因此買牛肉時要先知道是買進口的？還是省產的牛肉。省產牛肉中就沒有沙朗牛排、T骨牛排、牛小排等部位，而在國外要紅燒牛肉時，除了碰運氣買到牛腱子外，是找不到牛腩、三叉筋和螺絲肉的。

另外國外的牛隻在電宰後，必須經過72小時的無菌冷藏，即所謂的熟成（aged）階段，同時飼料和生長氣候也不相同，因此肉質和省產的不同。我見過只愛省產黃牛肉的死忠者，認爲進口牛肉味道不夠香。其實肉沒有好壞之分，還是看你要做什麼菜式而定。就讓我們先來了解一下牛肉吧！

【適合爆、炒、川、燙、煎等快速烹調的】

最嫩的當然是在脊椎內側的小里脊、現在大家都稱爲菲力的部位。但是一隻牛身上只有兩條，量非常少，因此常用的還有大里脊肉（又稱螺絲心）、前腿、後腿和肩胛上的瘦肉。這幾個部位的嫩度不夠，因此餐廳中都是在醃牛肉時添加少量的小蘇打或嫩精。蘇打和嫩精都是可以食用的，尤其小蘇打還可以使肉產生Q嫩的口感，但用量要抓準（寧可少一點），以免肉產生苦澀味。

除了上述幾個全瘦的部位外，帶油花的牛小排、去骨牛小排肉、由螺絲肉冷凍後切成的火鍋肉片因帶有油花，也都適合快速烹調。

【適合慢火燉煮的】

有牛小排、螺絲肉、肋條、牛腩、三叉筋、牛腱子、牛筋、板腱、牛尾等。爲了使滋味濃郁些，加幾塊牛大骨一起燒，效果會很好。這些不同部位需要的時間長短也不同，牛小排肉層薄，時間最短，其次是螺絲肉，基本上帶筋多的較不易爛，當然肉塊的大小也有差別。

【牛排類】

若論年輕人對牛肉的喜愛，牛排應該會是占首位的。的確，一塊香嫩多汁的牛排是很吸引人的，牛排是西式切割法切割出來的部分，除了菲力（tenderloin steak）、沙朗（肋眼rib eye steak）和紐約克（西冷牛排，New York strip or strip loin）三種價位較高的之外，嫩肩裡脊（板腱，chuck tender）、後腰脊肉（sir-loin）、臀肉（top round）、肋條肉（rib finger）等很多部位也都可以煎來吃，或切成薄片炒來吃。這些牛肉名稱因爲是翻譯的，所以並不統一，有時候還是要參考原文較準確。

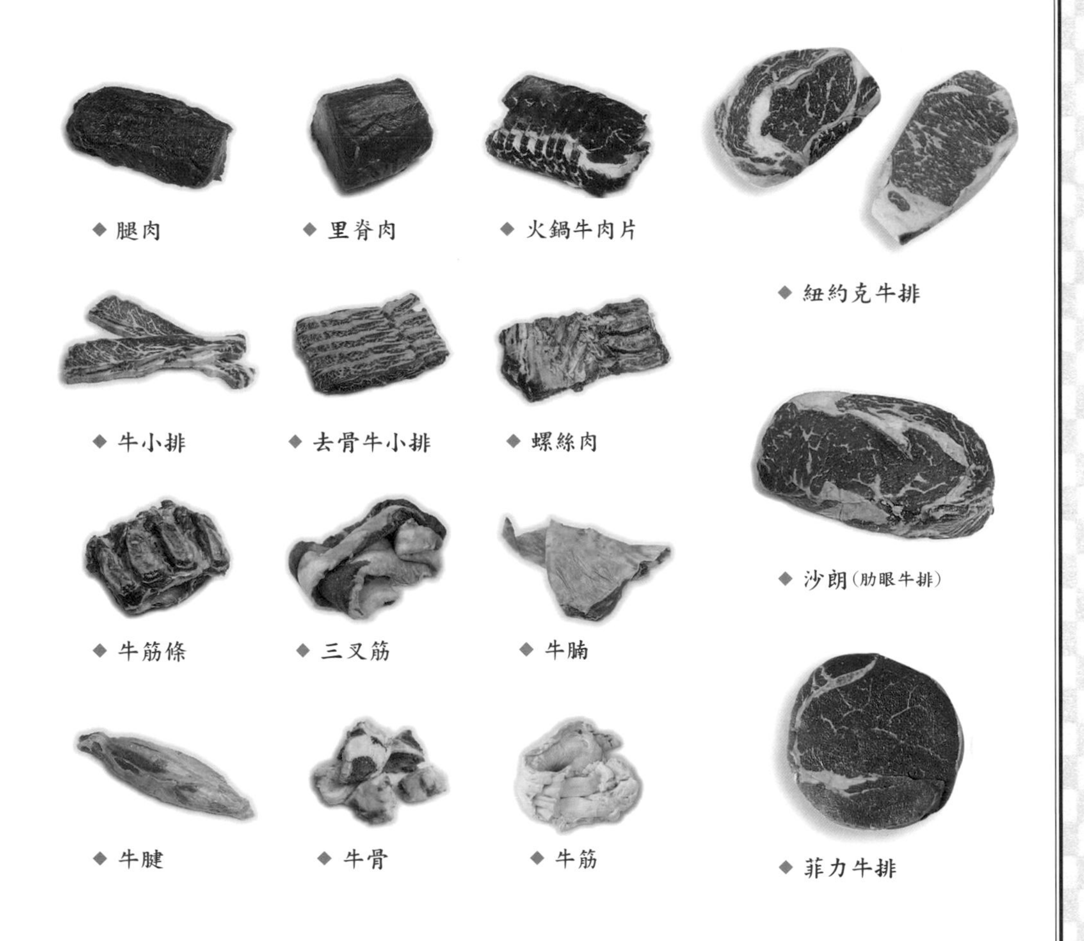

清蒸牛肋條

材料

牛肋條600公克、蔥1支、薑2片、八角1顆、 薑絲和青蒜絲適量

調味料

酒2大匙、鹽適量

做法

1 牛肉整塊在開水中川燙2分鐘，隨即撈出、沖洗乾淨。再放入碗中，注入1杯滾水，牛肉上放蔥1支、薑2片和八角1顆，淋下酒，入蒸鍋中蒸約1個小時。

2 取出牛肉，待涼後切成整齊的厚片，排在深盤中，撒下適量的鹽，將原來的牛肉原汁淋在肉上，再入鍋蒸至牛肉夠軟爛。

3 端出盤子，湯中再調好味道，撒薑絲和青蒜絲即可上桌。

牛肉整塊去蒸可保住肉中的鮮甜滋味。第一次蒸時不要蒸太爛，以免牛肉不容易切整齊。

清蒸牛肉湯

材料

牛肋條500公克、牛大骨數塊、蔥1支、薑2片、八角1顆、白蘿蔔1斤、蔥花1大匙、香菜隨意

調味料

酒3大匙、鹽適量、胡椒粉少許、麻油少許

做法

1 牛肉切塊，和牛骨用滾水燙過後撈出、洗淨，放在內鍋中，再加入蔥、薑、八角及酒。

2 注入5杯熱水放入電鍋中蒸約1小時。

3 白蘿蔔削皮後切成大塊，放入滾水中燙煮3～5分鐘，撈出、放入牛肉湯中，再蒸約40分鐘至喜愛的軟爛度，加鹽調味。

4 大湯碗中放適量的胡椒粉、麻油、蔥花和香菜，盛入牛肉湯即可上桌。

加牛大骨是爲使牛肉湯味道更濃，也可以把骨頭先蒸1小時後再加牛肉一起去蒸。

蠔油牛腩

材料

牛腩（或牛肋條）600公克、胡蘿蔔1小支、青花菜1小棵

蒸肉料

①蔥1支、薑2片、酒1大匙、八角1粒
②花椒粒1茶匙、蔥1支、薑2片、酒和醬油各1大匙、糖1/2茶匙

調味料

蠔油1大匙、糖1/2茶匙、酒1茶匙、麻油少許、蒸牛肉湯2/3杯、太白粉水2茶匙

做法

1 牛肉整塊燙水後洗淨，放入內鍋中，加蒸肉料①和熱水2杯，蒸約1小時（外鍋放約3杯水），燜至涼。

2 牛肉逆紋切成厚片，排入碗中。

3 胡蘿蔔削皮、切成小塊，排在碗中的牛肉上，再加入蒸肉料②和牛肉汁1杯，上鍋再蒸約40分鐘，至牛肉夠爛爲止。

4 取出蒸好的牛肉，將湯汁泌出到小鍋中，再加入其他的調味料，煮滾後淋在倒扣於盤中的牛肉上。

5 青花菜摘好、在滾水中燙1分鐘（水中加少許鹽和油），撈出裝盤，和牛肉一起上桌。

最後淋的調味料可以調成魚香口味、咖哩口味或用蒸好的原味。

認識絞肉

一般來說，「絞肉」就是絞碎的肉，可以包括豬肉、牛肉、雞肉或羊肉，但是我們最常用到的應該是豬絞肉了。通常無論是用牛的全瘦肉或是用雞胸肉，絞出來肉都太瘦、太乾，因此也要加入適當比例的肥絞肉，而牛的肥肉腥氣較重，雞又沒有肥肉，所以通常加的也是豬的肥絞肉。

【絞肉如何買】

豬肉中除了帶筋多的蹄膀肉、沒有油花的大排骨肉外，其他大部分都可以絞成絞肉，其中以前腿絞肉較嫩。買的時候可依個人喜好和菜式的需要來搭配不同比例的肥肉，通常我會選用肥肉約在10～15%的絞肉。

絞肉可分一般的粗絞或是絞兩次的細絞；普通做菜粗絞就可以了，只有少數搭配來炒菜的絞肉，需要絞兩次，這樣炒出來的顆粒較細，比較好看或是包餛飩的肉餡可以絞兩次。如果是家常要廣泛的使用，只買粗絞的就可以了。

【絞肉如何儲存】

絞肉因爲經過機器的絞壓，因此比整塊的肉容易變色、發臭，採買回家後要儘快處理，可以按照常用的份量分裝成小包，或者放在一個大一點的塑膠袋或保鮮袋中，壓平之後，用手壓出線條、分隔成較小的分量（如圖示）再冷凍，使用時只要取出需要的1份或2份來解凍即可。

調過味的絞肉可以略爲延長一些冷藏的時間，但是也不要超過2天，可以冷凍之後再解凍使用。

【絞用如何用】

絞肉的用途很廣，但是細分起來，可以歸納成兩個部分，一是把它調味、攪拌後當成主料的，另一部分是直接炒散來搭配其他食材的。

貼心小訣竅

讓口感更加鮮嫩的小祕密！

如果一道炒的菜中，使用的絞肉較多，而你喜歡絞肉炒過後的肉質更嫩一些，可以在炒之前加少量的太白粉和水（300公克的絞肉約加入1茶匙的太白粉和1～2大匙的水）拌勻後就可以炒了，但是注意粉不能太多，太多的粉會使絞肉太黏而炒不鬆散。

調味絞肉

提升絞肉的口感！

絞肉經由絞肉機擠壓出來時，是成顆粒狀的，如果要它好吃，就要用刀先剁一下，使它略細一點、也有黏性；再放入較大的容器中，加鹽和水（或蔥薑水），朝同一方向攪拌，使肉產生彈性、同時因爲吸收了水分、絞肉會膨脹而變嫩；然後再加入其他調味料（醬油、酒、蛋、鹽、胡椒粉、麻油、蔥花、蒜末、胡椒粉等，依不同的菜色而定）和太白粉，使它有味且有滑嫩的口感，調拌好了之後可以放冰箱，冷藏0.5小時後會更好操作。掌握這些重點調拌出來的絞肉，無論直接做成各式丸子、肉餅或是包裹、塡入到其他食材中，都會很好吃的。

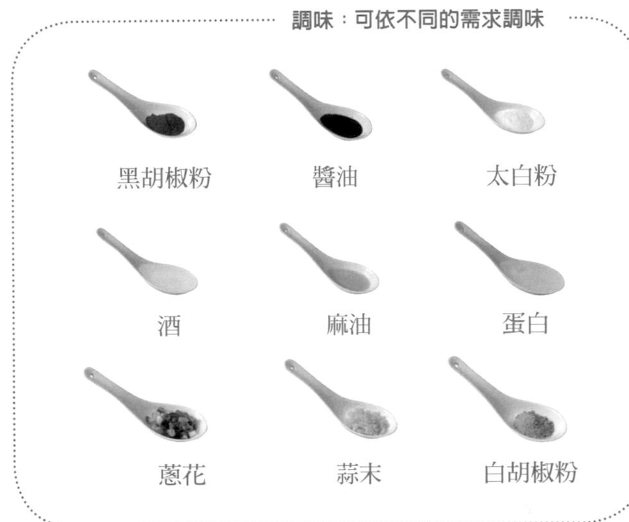

拌炒絞肉

藉由拌炒提出鮮香味！

另一類的絞肉菜式，則是利用少量的絞肉，讓絞肉本身的鮮味來提升主材料的滋味，這時的絞肉，主要是要把它炒至鬆散，因此不能剁它、攪打它。只要將絞肉在油中先炒散、炒熟，使它變色、成爲顆粒狀、同時要使絞肉中的肥肉滲出油脂，這時候淋一些酒和醬油再炒一下，使肉有味道，就會產生香氣及鮮味了。如果絞肉是冷藏過的，它會比較乾、而黏在一起的話，可以在絞肉中加一些水，用筷子撥弄一下，先使它散開就可以來炒了。

1.使絞肉中的肥肉滲出油脂
2.淋一些酒和醬油再炒一下
3.使得絞肉炒出香氣及鮮味

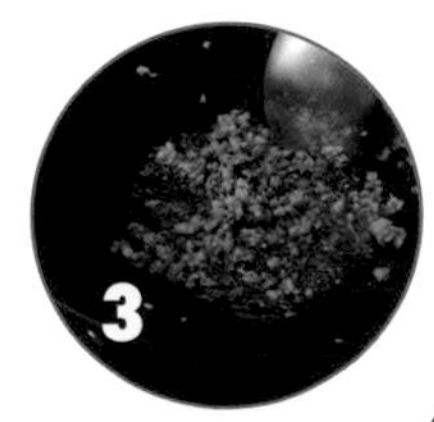

材料

絞肉300公克、蝦米1大匙、蔥1支、長糯米1½杯、豆腐衣2張或新鮮豆包1片、太白粉1大匙

調味料

水2大匙、醬油1½大匙、鹽1/4茶匙、酒1/2大匙、蛋1個、太白粉1大匙、麻油1茶匙、胡椒粉1/6茶匙

做法

1. 絞肉再剁過，至有黏性時，放入大碗中；蝦米泡軟、摘好，切碎後加入絞肉中；蔥切成碎末也放入大碗中。

2. 絞肉中依序加入調味料，順同一方向邊加邊攪，使肉料產生黏性與彈性。放入冰箱中冰30分鐘。

3. 糯米洗淨，泡水30分鐘，瀝乾並擦乾水分，拌上太白粉，鋪放在大盤上。

4. 絞肉做成丸子形，放在糯米上，滾動丸子使丸子沾滿糯米。豆腐衣撕成碎片（或將豆包打開、切成寬條），拌上少許醬油、水和麻油，鋪放在盤中，上面放珍珠丸子。

5. 蒸鍋中水滾之後放入丸子，視丸子大小，蒸約20分鐘，熟後取出。

糯米一定要先泡水，蒸起來米才會熟，但是不要泡太久，以免糯米沒有QQ的口感。

百頁瓜仔肉

材料

絞肉300公克、百頁6張、醬瓜2～3大匙、蔥屑1大匙、鹼塊少許或小蘇打粉1/2茶匙

拌肉料

酒1大匙、醬油1大匙、糖1/4茶匙、鹽1/4茶匙、清水3大匙、胡椒粉1/6茶匙、大蒜泥少許、太白粉1大匙

做法

1 在4杯開水中加小蘇打，將百頁放入水中浸泡。見百頁顏色變白且變軟時，便可取出，再放在清水中漂洗、去味。

2 將絞肉放入碗內，加入全部拌肉料，仔細攪拌至完全吸收呈黏稠狀爲止。

3 醬瓜切碎，拌入肉餡中。

4 取用淺碗，將百頁鋪放碗底，再塡入肉料，上鍋以大火蒸熟（約20分鐘）。

5 倒扣在深碟內，吃時以小刀切開或用湯杓挖開即可。

★百頁每一疊是10張，可以一起泡軟，剩下的放冷凍庫保存，喜歡的話也可以將百頁層鋪厚一些。

★可以加1～2大匙的醬瓜汁來拌絞肉，其他調味料和水就要減少。

材料

絞肉300公克、海帶結150公克、冬菜2大匙、豆腐泥2大匙

拌肉料

蔥末1大匙、薑末1茶匙、醬油2大匙、鹽1/4茶匙、麻油少許、蛋1/2個、太白粉1大匙

做法

1 絞肉用刀剁至稍有黏性，置於大碗中。

2 冬菜切細末，連同豆腐泥及拌肉料置入絞肉內，仔細攪至有彈性。

3 海帶結置入盤內墊底，再將做法2的肉料擠成肉丸狀，置於盤上。

4 上蒸鍋以大火蒸15分鐘至熟便成。

四季豆肉丸

材料

四季豆150公克、絞肉300公克、蝦米40公克、蔥2支、香菜1支

調味料

鹽1/3茶匙、水約3大匙、醬油2大匙、太白粉1/2大匙、麻油1大匙

做法

1 四季豆摘好、放入滾水中燙煮2分鐘，撈出、用水沖涼後切成小丁。

2 蝦米泡軟、摘好、切碎；蔥切成蔥花；香菜切碎。

3 絞肉要再剁一下，放入大碗中，先加鹽和水攪拌、摔打出黏性，再加入醬油、太白粉和麻油拌勻。

4 放入四季豆、蝦米、蔥花和香菜拌勻，做成圓形丸子放在盤子上。

5 全部做好後入蒸鍋蒸至熟，視丸子大小，蒸約15～18分鐘。

不要蒸太久，以免蔥花、香菜和四季豆的顏色變黃。

陳皮牛肉丸

材料

牛絞肉300公克、肥豬絞肉30公克、西洋菜150公克、 蔥2支、薑2片、陳皮1片（約3公分大小）、蔥末1大匙、 香菜末1大匙

調味料

鹽1/2茶匙、蔥薑水5～6大匙、小蘇打1/6茶匙、 糖1/3茶匙、胡椒粉1/6茶匙、麻油1/4茶匙

做法

1. 蔥和薑拍扁，放入1/2杯的水中浸泡3～5分鐘，做成蔥薑水。泡時要抓捏一下，使蔥薑味道釋出。陳皮泡水，回軟後剁成細末。
2. 牛絞肉和肥豬肉再用刀背剁一下，一起放入大盆中，加鹽和蔥薑水一起攪打使牛肉出筋、有黏性，視需要慢慢加入水。拌好後，再加入其他調味料拌勻，摔打數下使牛肉有彈性，最後加入蔥、香菜和陳皮的細末。
3. 西洋菜摘取葉子，在滾水中燙一下即撈出，沖冷水，擠乾水分，拌上少許鹽和麻油，鋪放盤中。
4. 牛肉做成丸子放在西洋菜上，入鍋大火蒸9～10分鐘至熟，取出即可上桌。

燴干貝繡球

材料

絞肉250公克、老豆腐1小方塊、干貝3粒、香菇3朵、金華火腿1小塊、芥蘭菜葉5片、清湯1杯

調味料

①鹽1/3茶匙、水2大匙、太白粉2茶匙、麻油1/4茶匙
②醬油1/4茶匙、鹽少許、太白粉水適量、麻油數滴

做法

1. 老豆腐切除硬的表面及底層後，壓成泥。
2. 絞肉再剁細一點，拌上豆腐泥和調味料，攪拌均勻，做成約10個小丸子。
3. 干貝蒸軟、撕成細絲；火腿蒸熟，涼後切成細絲；香菇泡軟、切成極細的絲；芥蘭菜葉也切成細絲，4種材料放在盤子上，混合均勻。
4. 將豆腐丸子放在絲料上沾滾，盡量沾滿絲料，做成繡球丸子。
5. 將丸子放在抹了油的盤子上，入鍋中蒸約1～12分鐘至熟。全部移放在大盤中。
6. 清湯1杯煮滾後加調味料②調味並勾薄芡，淋在干貝繡球上。

蒸的時間不要太長，以免綠色菜絲會變黃。

鹹蛋蒸肉餅

材料
絞肉250公克、鹹鴨蛋2個、蔥屑1大匙

調味料
醬油1大匙、酒1/2大匙、太白粉2茶匙、水2大匙

做法
1 剁過之絞肉加蔥屑、調味料和1個鹹蛋的蛋白，仔細攪拌均勻，放入一個有深度的盤中，用手指沾水，將肉的表面拍平。

2 鹹蛋取用蛋黃，一切為二，放在肉餅上。

3 蒸鍋的水煮滾後，放入蒸鍋中蒸約20～25分鐘便可。

★鹹鴨蛋和肉接觸的地方比較不容易蒸熟，關火前要翻起蛋黃確定一下。
★蒸的肉餅會有湯汁，因此要選用有深度的盤子來蒸。

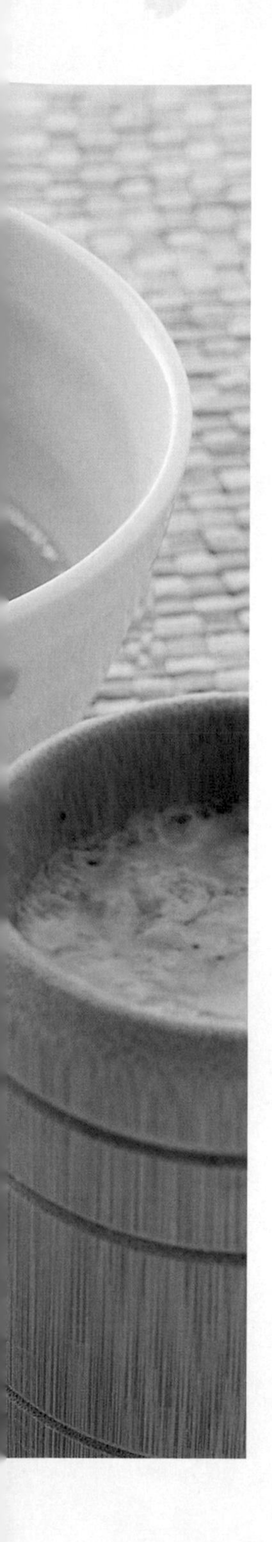

竹節肉盅

材料

雞肉100公克、瘦豬肉100公克、干貝2粒、荸薺6粒、
冷清湯4杯、竹筒8個

調味料

鹽2/3茶匙、酒1大匙、醬油1大匙、胡椒粉1/2茶匙

做法

1 雞肉去皮，和豬肉分別絞成極細之泥狀。

2 干貝蒸軟（約蒸30分鐘），撕成細絲。荸薺剁碎後擠乾水分。

3 肉料放入大碗中，加入干貝、荸薺（如圖1），再加入調味料，並慢慢加入1杯清湯，攪勻後再加另1杯（如圖2），全部4杯都加入拌勻。

4 將肉料分裝在竹節中（如圖3），排入蒸籠內，蒸約1.5小時至2小時。取出，分別倒入小湯碗中。

圖1

圖2

圖3

★也可以用小碗或茶杯代替竹節。
★ 蒸的時間較長，要注意蒸鍋中的水。

釀瓜環

材料

大黃瓜1條、豬絞肉250公克、蝦米2大匙、香菇2朵、蔥花1大匙、熟胡蘿蔔2大匙

調味料

蛋1個、醬油1大匙、酒1/2大匙、鹽1/4茶匙、胡椒粉少許、太白粉1/2大匙、水1大匙

做法

1. 大黃瓜削皮後切成2公分寬的圓段，挖除瓜籽（保留少許底部），全部用滾水川燙10秒鐘（水中加少許鹽），撈起、擦乾。
2. 絞肉中拌入泡軟切碎之香菇、蝦米、熟胡蘿蔔丁及蔥花， 並加蛋（打散），和全部調味料仔細攪拌均勻至有黏性。
3. 在黃瓜內圈撒少許乾太白粉，將肉料塡入，抹光表面，放入蒸碗中，注入1杯清湯或水，加少許鹽和醬油調味。
4. 上蒸鍋以大火蒸25～30分鐘，取出後將湯汁倒入小鍋中，勾芡後再淋在黃瓜環上即可。

同樣方法，可以用苦瓜、白蘿蔔或冬瓜等材料來製做，唯蒸的時間長短不同，需要加以調整。

蒸雞蛋菜

材料

蛋4個、絞肉3大匙、蔥末2大匙

調味料

鹽1/3茶匙、醬油1大匙、水1杯

做法

1 絞肉放在砧板上，再剁一下。

2 蛋加鹽打散，放在深盤或麵碗中，再加入絞肉、蔥末和醬油拌勻，最後加入水調勻。

3 打好的碎肉及蛋放入蒸鍋或電鍋中，以中小火蒸約15～20分鐘，至完全凝固時便可取出上桌。

★蒸蛋的老與嫩完全決定在加水的多少與蒸蛋時火候的大小，這道蒸雞蛋菜加的水是和蛋汁一樣多，如要嫩些，像日式的茶碗蒸，則可將水加倍（水是蛋汁的2倍），再以小火慢慢蒸。

★絞肉和蛋汁拌勻後再調入水，否則絞肉不容易攪散在蛋汁中。

魚香蒸蛋

材料

雞蛋4個、冷高湯2杯、絞肉1大匙、水發木耳1/4杯、荸薺2個、大蒜末1/2大匙、薑末1茶匙、蔥花1大匙

調味料

油1大匙、辣豆瓣醬1/2大匙、清湯2/3杯、鹽1/4茶匙、糖、醋各1茶匙、麻油少許、太白粉水適量

做法

1 蛋加鹽打散，再加高湯攪勻，過濾到深盤中，先以大火蒸3分鐘後，改小火蒸至熟。

2 用油炒散絞肉，加入大蒜、薑末及辣豆瓣醬炒香，隨後注入清湯、鹽、糖煮滾，放入木耳和荸薺再煮滾、勾芡，最後滴下醋和麻油，撒下蔥花，做成魚香汁。

3 將魚香汁淋在蛋上即可。

雞鴨類
chicken&duck

細說雞

瞭解雞，你才能做好雞

用雞肉做菜之前，要對雞先有些基本的認識，知道不同雞種的特性後，才能依照要做的菜式去選購適合的雞。「雞」，總體上分為生蛋的「蛋雞」和吃肉的「肉雞」，常見的食用肉雞又分為——土雞、仿土雞、放山雞、烏骨雞和白肉雞。另外，還有體積比較小的古早雞或是玉米雞、鬥雞、珍珠雞，都是比較少見的雞種。至於有些人為了要求肉質的緊實，因而有閹雞的產生，就是更專業的問題了。每一種雞都有它的特色和適合烹調的方法，簡單的可以區分為：

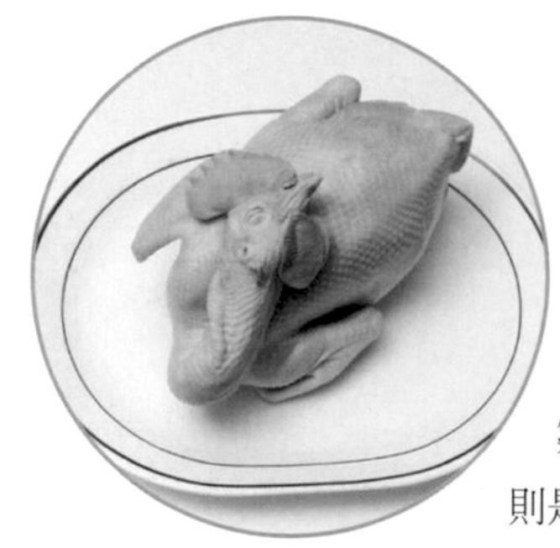

【土雞】

真正的純種土雞已經十分罕見了，目前市面上常見的土雞也曾經是經過許多次國外的引種，選擇優良的品種與當地的雞種育種而成。在不同的地區有不同的品種和名稱，例如內門雞、竹崎雞、草雞、龍崗雞、清遠雞、三黃雞、九斤黃等都是。現在在超市常見的「鹿野嫩黃土雞」則是屬於新育種成功的特殊雞種。

一般而言，台灣地區的黑羽土雞體型較小、瘦長，肉質緊實、鮮美，母雞重約1.5～1.8公斤之間，公雞約在2.5～3公斤之間，飼養時間約為18～20週，多半用來燉湯、做白煮雞、清蒸或紅燒。其他品種的土雞在體型和外觀上又有不同的特色，有的體型較大，腳脛屬於黃色，但仍具黑羽土雞的肉質特色。

【仿土雞】

仿土雞又被稱為半土雞，是經過更多次外來雞種的融合，體型比純土雞大，約為2～2.7公斤，養成時間約為13～14週。肉質鮮甜，適合蒸、燉煮、紅燒、炒、燴等許多類型的烹調方式。其中，母雞和公雞的肉質差異滿大的，母雞的皮下油脂較多，肉質較嫩，讀者可以自行比較、選購。

【放山雞】

土雞和仿土雞都有以林間山野放養的方式來飼養的，即俗稱的放山雞，因爲飼養的環境不同，肉質更爲緊實、有彈性，體型也比較大，有3～4公斤之重，甚至5公斤之重的大雞。

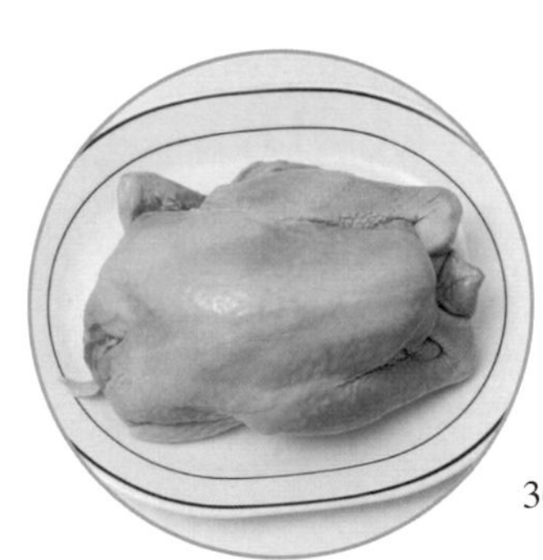

【白肉雞】

一般通稱的飼料雞、肉雞，佔有目前雞肉市場約一半的量，因爲肉質軟嫩，適合炸、烤、炒、燻、滷，市面上常見的雞腿便當、炸雞、雞排堡、滷雞，或是用雞肉做的加工食品，大部分是用白肉雞。現在的白肉雞因爲育種的進步和飼料的營養配方有改進，因此只要36～38天便可以達到標準重量和良好的品質。

【烏骨雞】

烏骨雞反而有一身柔軟的白色羽毛，在中國人傳統觀念中，烏骨雞比較補，因此許多燉補的藥膳都是用烏骨雞做的。烏骨雞的脂肪含量比白雞低，蛋白質含量高又好消化、易吸收，也增加愛食烏骨雞者的信心。

細說全雞

Part I　全雞

在現代的小家庭中，煮一整隻全雞的機會越來越少，但是煮整隻雞的滋味是不同的。整隻雞因爲沒有切口，雞的原汁會留在皮與肉之間，因此雞肉的鮮甜也不會流失到湯裏面，比剁成塊再煮的雞肉要好吃，因此一般做白煮雞、鹽水雞都是用全雞來煮。

即使把全雞剁成塊，因為帶有骨頭，用來燉煮、紅燒時，肉香混合著骨香，味道更濃、更美。一隻雞當中，較貴的是雞腿和雞翅，買全雞只比買兩隻雞腿貴一點，但是煮出來的效果好一倍，何樂不為？即使不是整隻雞一次煮，買全雞也是划得來的。

利用全雞來做菜，基本上是希望雞的鮮美滋味濃一些，因此常會選用土雞、仿土雞或放山雞；如果是用來煮湯的，就要選購成熟些的雞，湯中才有肉香；如果是紅燒或烤，就買嫩一點的小雞。

無論是煮湯或是紅燒，誠如我在前面說過，每一個品種的雞肉質不同、公雞和母雞口感不同、雞的重量不同，都會對烹煮的時間產生差異；此外，對雞肉軟爛度的喜好也因人而異，基本上，雞塊剁得越大，需要的時間越長，喜歡吃嫩Q口感的人，只燒20～25分鐘，但也有人要燒1小時以上，把它燒爛；要吃肉的雞湯和只愛喝湯的雞湯，燉煮時間也是差很多的。因此在接下來的食譜中我所寫的「燉煮時間」，只是提供參考，實際烹煮時要試一下，再做增減。

Part II
白煮雞及它的變化菜式

白煮雞是最能保持雞的原味的烹煮方法，尤其是肉質甜美的優質雞肉，最能吃出雞本身的鮮甜味。如何煮出好吃的白煮雞，也有許多訣竅，最重要是煮雞的時間和火候，而雞的大小和煮的時間就有密切關係了。另外，就是用來煮雞的容器，先找一個適當大小的鍋子，煮雞時，只要雞完全浸入水中即可。如果水太多，雞的鮮甜味會流失到水中，因此鍋子的寬度只要讓雞可以放進去即可（圖1）。也有人喜歡用蒸的，但是蒸的時候，雞汁會滴出，雞肉會比較緊實。喜歡吃雞皮脆爽的話，煮好後就要立刻浸入有冰塊的水中（圖2），使雞皮收縮起來。

雞肉的脂肪含量低，用白煮和蒸更是健康的烹調方法，而由白煮雞又能變化出許多不同的菜式，除了年節祭拜時用白煮的全雞之外，日常我們也可以煮一隻白煮雞，把雞腿和雞胸取下（小圖3、4），分別做成不同的菜，再把雞骨架加料熬煮成雞湯，完全不浪費。

白斬雞

材料

半土雞1/2隻、薑絲、香菜適量

調味料

鹽1茶匙

沾料

醬油膏2大匙、大蒜2粒（拍碎）、蒸雞湯汁2大匙

做法

1 雞內部的血塊要清洗乾淨，放入蒸盤上，淋下1/2杯水在蒸盤中。

2 電鍋外鍋加入2杯水，放入雞、蒸至開關跳起，燜20分鐘後再取出雞，趁熱抹上鹽，放至涼或微有溫度。

3 把雞剁成塊，附上香菜和沾汁上桌。

★另一種沾汁也不錯，先把薑、蔥末放小碗中，淋下熱油，再調入鹽，做成蔥薑沾汁。

★雞放涼的時間較長時，可以在雞身上蓋一張濕紙巾，以免雞皮變乾。

香拌雞塊

材料

白斬雞1/4隻、西芹1～2支、紅辣椒1支、香菜1～2支、蔥1支

調味料

淡色醬油1大匙、沙茶醬2茶匙、糖1/2茶匙、麻油1茶匙、蒸雞汁1大匙

做法

1 依照前面方法把雞蒸熟，趁熱抹上鹽，放至涼、做成白斬雞，再剁成小塊。

2 西芹削去老筋，先直切成2條，再打斜切成片；紅辣椒先剖開、再打斜切段；香菜切碎一點；蔥切段；調味料調勻。

3 把雞塊和辛香料一起放入大碗中，加入調味料拌勻即可。

白斬雞可以再拌或再炒成不同的味道，因為是熟的雞，所以不要炒太久，以免肉變老。

蹄筋海參雞

材料

雞1/2隻、干貝2個、香菇2個、海參150公克、蹄筋150公克

煮蹄筋料

蔥1支、薑2片、酒1大匙、水4杯

蒸雞料

酒1大匙、鹽適量、蔥2支、薑2片

做法

1 海參、蹄筋用煮蹄筋料，以中火煮5～10分鐘，視海參和蹄筋軟硬度來決定煮的時間。撈出沖涼，並切成適當大小。

2 雞斬剁成塊狀後，用滾水川燙、去除血水，撈出用冷水沖淨。

3 雞塊、干貝和香菇置蒸碗中加入蒸雞料，再注入5杯滾水後，置入電鍋中蒸40分鐘，最後加入做法（1）的海參和蹄筋，續蒸10分鐘即可。

番薯雞湯

材料

雞1/2隻、番薯300公克、滾水5杯、當歸1小片

調味料

酒1大匙、冰糖1茶匙、鹽適量

做法

1 雞斬成塊狀後，用滾水川燙去除血水，撈出用冷水沖淨。

2 地瓜削皮後切成滾刀塊。

3 雞塊置蒸碗中，加入番薯、當歸及調味料後，注入3杯滾水到碗中。先蒸30分鐘後，再續加入2杯滾水，再蒸10分鐘便成。

爲保持雞塊及番薯的甜度，滾水分2次加入，吃起來食材甜美，湯汁清澈。

清蒸瓜仔雞湯

材料

土雞1/2隻、醬瓜1杯、薑片3片

調味料

酒1大匙、鹽酌量、滾水或熱的雞高湯6杯

做法

1. 雞剁成3公分大小之塊，先用滾水川燙30秒鐘，待雞肉已轉白，即可撈出，沖洗乾淨。
2. 將雞塊放入大湯碗或個人用小蒸碗內（小蒸碗內只可放3～4塊雞塊），加入薑片，淋下酒，再注入滾水或熱高湯，放進蒸鍋中，用中火蒸1.5小時。
3. 把醬瓜和1/2杯的醬瓜汁加入湯碗中，攪拌一下後，再繼續蒸20分鐘以上。
4. 關火後加入適量的鹽調味即可。

醬瓜的種類很多，應選擇較無甜味的。

細說雞腿

雞腿是中國人比較喜愛的部位，因為常活動的關係，所以肉有彈性、嫩又多汁，適合它的烹調方法非常廣泛，因此我把它分為「去骨雞腿」和「帶骨雞腿」兩個篇章來介紹。去骨的雞腿可以用來炒、煎、炸或蒸，如果因為個人因素喜愛雞胸肉的話，許多菜式也可以用雞胸肉來代替腿肉。

Part 1 去骨雞腿

【雞腿去骨的方法】

沿著腿骨的左右兩邊、深深切劃開來，使腿骨露出來（圖1）；翻過雞腿，把前段骨頭剔出（圖2）；接著在關節骨處用刀背敲一刀，敲斷關節骨（圖3），把雞腿翻面、露出腿骨，一手拿刀子壓住腿骨，一手拉住關節骨，用力一拉，便可使肉與骨頭分離（圖4），再把腿骨剔下來（圖5）。去骨的技巧需要練習，當然也可以請雞販代為處理，或在超市選購已經去好骨的腿肉（圖6），但是事實上去骨並不難，讀者不妨試一試。

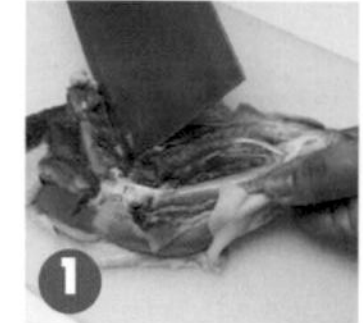

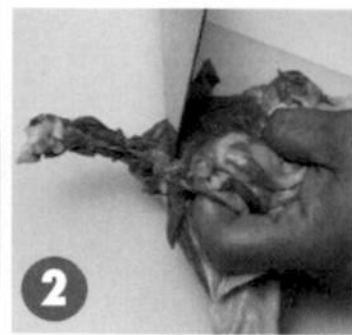

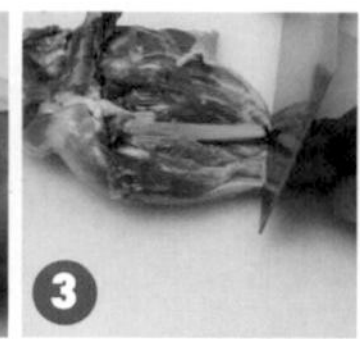

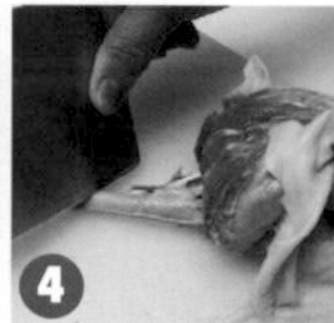

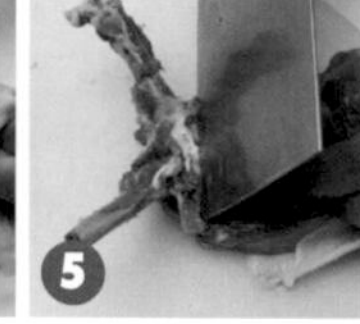

【去骨雞腿的處理】

去骨雞腿多半用來炒雞丁，或整支烹調做成雞腿排。做雞腿排時，因為已經沒有腿骨的支撐，所以腿部的筋絡遇熱就會收縮，使得雞腿縮短，既不好看、肉質也比較老，因此在剔除大骨之後，最重要的就是先在帶白筋的部分（雞的棒棒腿部分），以和白筋成垂直的角度斬剁幾刀，把筋剁斷、使它不會再收縮；也把肉質鬆弛一下。同時在雞腿的上半部肉比較厚的地方，也要剁幾下，有了刀口，肉才容易入味，也快熟（圖7）。剁好刀口後，就可以剁成條或塊來烹調。

烹調整支去骨雞腿排時，有一點很重要，就是要保留雞腿的關節骨（圖8），利用關節骨牽引住部分腿部的筋，使雞腿肉不至於收縮太短。做雞腿排的菜式一般是整支烹煮好，定型之後再做分割。

【雞腿肉的醃泡方法】

去骨雞腿多半用來炒或煎、炸，因此常選用白肉雞和仿土雞。腿肉在炒熟後是屬於深色的，因此可以用醬油來醃，不但有鹹味、同時還帶有香氣（圖9）。醃的時間長短和雞塊大小有關，如果加了太白粉一起醃，最好放置30分鐘以上，以使太白粉能穩定的附著在雞肉上。冰箱冷度好時，醃過的雞肉可以保存3天。

【烹調重點】

炒之前仍然需要先過一下油，以使肉質香嫩，油溫以8～9分熱（160～180℃）左右為準。油的溫度通常是依照雞肉量和用油量的多寡和火力的大小來做調整。過油至八分熟後撈出雞肉，再去炒製。當然，和雞胸肉一樣，你也可以改用滾水來川燙，雖然香氣不如過油的雞肉，但是熱量卻大為減少。

Part 2 帶骨雞腿

帶骨雞腿的特色是以腿骨來保持雞腿的形狀；同時連骨一起燉煮更能使滋味濃厚，有些人還特別喜歡啃骨頭。

目前市場上可以買到分割好的雞腿，多半是肉雞和仿土雞。一般來說，仿土雞比肉雞大，關節處呈現黑灰色，肉雞則為白色（圖1）。肉雞較小，肉質軟嫩，適合炸、煎、烤和燒滷；仿土雞肉質Q有彈性。同為仿土雞，公雞的腿比母雞大（圖2）、肉質較粗，比較適合煮湯、紅燒和一些燉、燜的方式來烹調。瞭解材料，依照烹調方式來買適合的材料。

【帶骨雞腿的烹調要領】

帶骨雞腿烹調時很簡單，一種是剁成塊（圖3）；另一種則是大塊的——保持整個原形或剁成棒棒腿（圖4）和上大腿兩塊。

整支雞腿的醃泡或炸都需要較長的時間，因此醃雞腿之前，用叉子在肉厚的地方叉幾下（圖5）；或在內側肉面、沿著骨頭劃一道刀口，都是容易入味且容易熟的方法。

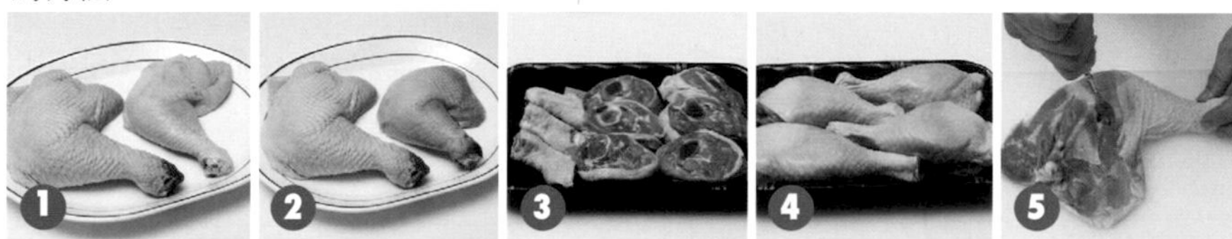

當然，後面介紹的一些燒的菜式，並不一定要用雞腿來做，也可以用整隻雞剁成塊來燒煮，只是現在的人都講究口感，長時間燒出來的雞腿，肉質勝過雞胸。至於煮雞的時間長短，一般是依照雞的品種、剁的大小塊而異，肉雞只需10～15分鐘左右；仿土雞要保持嫩度的話，約在20～25分鐘，熟了即可，或是燒50～60分鐘，使它更入味；這些都是依個人喜好而定！

養生醉雞

材料

半土雞腿2支、枸杞子1大匙、黃耆5～6片、鋁箔紙2張

調味料

魚露或蝦油5大匙、紹興酒1杯

做法

1. 雞腿剔除大骨，將肉較厚的地方片薄一些，用3大匙魚露和1/4杯水醃泡1～2小時。
2. 雞腿捲成長條，用鋁箔紙捲好，兩端扭緊。放入蒸鍋內、以中火蒸50～60分鐘，取出，放置待涼。
3. 在一個深盤中，放下2大匙魚露、紹興酒和冷開水1杯調勻。
4. 趁雞還有餘溫時，打開鋁箔紙的一端，將蒸汁也倒入深盤中，待雞捲完全冷透，泡入酒中，再加入枸杞子和黃耆。
5. 用保鮮膜密封或蓋上蓋子，放入冰箱中冷藏，2～3小時後便可食用。
6. 取出雞腿，切成薄片排盤。

蠔油雞丁蛋豆腐

材料

去骨雞腿1支、蛋豆腐1盒、香菇2朵、蔥1支

調味料

①醬油1/2大匙、酒1/2大匙、太白粉1茶匙
②酒1/2大匙、蠔油1/2大匙、水1/4杯、麻油1/4茶匙

做法

1 雞腿切成小塊，用調味料①拌匀，醃20～30分鐘。

2 香菇泡軟、切丁；蔥切小段。

3 蛋豆腐切成方塊。

4 鍋中用2大匙油把雞肉炒熟，盛出，放下香菇和蔥段炒香，淋下酒和蠔油再炒一下，加水煮滾。

5 放下雞丁和蛋豆腐，輕輕拌合，再煮一滾，如果湯汁仍多，可以勾點薄芡，滴下麻油即可。

苦瓜豆豉雞

材料

雞腿1支、苦瓜1/2條、蔥段適量、薑片適量、辣椒片少許

醃雞料

醬油1大匙、太白粉1/2大匙

調味料

漬豆豉（罐裝，帶點汁液）1大匙、糖1/2茶匙

做法

1. 雞腿去骨後切成大丁狀，用醃雞料醃10分鐘。苦瓜去籽、切成適當大小的塊狀。
2. 熱3大匙油爆香蔥和薑，放下雞丁炒至顏色變白，再放下苦瓜塊炒1分鐘。
3. 將做法（2）炒好的材料盛在盤中，淋下調味料拌勻，再撒下辣椒片，上鍋蒸15分鐘即可。

香菇蒸雞球

材料

去骨雞腿1支、新鮮香菇4～5朵，新鮮豆包2片、蔥1支、薑2片、蔥花1大匙

醃雞料

醬油1/2大匙、麻油1/2茶匙

調味料

醬油1茶匙、鹽1/4茶匙、酒1大匙、太白粉1/2大匙、胡椒粉少許、水2大匙

做法

1. 用刀在雞腿的肉面上剁些刀口，再切成約3公分的塊狀。蔥和薑拍一下，加入醃雞料拌勻，再放下雞塊醃15分鐘。
2. 香菇依大小切成2～3小片；豆包也切小塊一點，2種一起拌上調味料，放在蒸盤上，再將雞肉放在上面。
3. 蒸鍋中水滾後，放入雞肉蒸至熟，約15～16分鐘。

★可以用電鍋來蒸，在外鍋加1杯的水，開關跳起即可。
★或用微波爐來做，但要在蒸盤中多加4～5大匙的水，再以強微波蒸熟。
★雞腿部分要剁刀口，可以更入味，尤其是小腿部分，要在白色的筋上多剁幾下，把筋剁斷，肉才會嫩。

梅乾菜蒸雞球

材料

去骨雞腿2支、茭白筍2支、新鮮豆皮2片、蔥1支（切小段）、大蒜2粒（剁碎）、嫩梅乾菜1杯

調味料

①醬油1大匙、鹽1/4茶匙、水2大匙、太白粉2茶匙
②水4大匙、酒1/2大匙、糖1/2茶匙、麻油1/2茶匙

做法

1. 用刀在腿的肉面上剁些刀口，切成約2.5公分的小塊，拌上調味料①。梅乾菜快速沖洗一下，略剁碎一點。
2. 茭白筍切成長條塊；豆皮切成寬條，鋪在蒸盤上。雞肉和茭白筍拌合，放在豆皮上。
3. 起油鍋，用2大匙油爆香蒜末和蔥段，放下梅乾菜再炒至香氣透出。
4. 加入調味料②煮滾，再淋在雞腿和茭白筍上，上鍋蒸20～25分鐘，至雞肉已熟即可取出。

蔥油雞腿

材料

仿土雞腿2支、蔥絲1/2杯、嫩薑絲1/2杯

調味料

蔥1支、薑2片、鹽1茶匙、酒1大匙

做法

1. 將雞腿洗淨後，用叉子在雞腿肉面上刺數下，以使醃泡時容易入味。
2. 將鹽與酒混合後，再混合拍碎的蔥、薑，在雞腿上抹擦數次後，醃約20分鐘。
3. 蒸鍋的水燒開，放下雞腿，用大火蒸約12分鐘，熄火後再燜5分鐘。
4. 雞腿取出，放在熟食砧板上剁成塊，排列盤中。將切好的蔥絲及薑絲（切好後在冷開水中泡3～5分鐘）撒在雞腿上。
5. 將2大匙油燒得極熱，淋在蔥薑上，再淋下3大匙蒸雞之汁，即可上桌。

雞塊淋過油後，也可將油再泌回炒鍋內，與雞汁混合煮滾、勾薄芡，再澆到雞腿上。

荷葉粉蒸白果雞

材料

去骨雞腿2支、香菇4朵、白果32粒、乾荷葉2張、蒸肉粉1杯（2小盒，粗細各一盒）

調味料

蔥2支、薑2片、醬油2大匙、糖1大匙、酒1大匙、油3大匙、甜麵醬2茶匙、辣豆瓣醬1茶匙、水4大匙

做法

1. 雞腿每支分切成4大塊，洗淨，擦乾水分。
2. 蔥、薑拍碎，加入調味料拌勻，放入雞塊，再抓拌均勻，醃約1小時。
3. 香菇泡軟，切成兩半；白果剝殼、再剝去褐色薄膜，如果用眞空包裝的白果，要用水沖洗數次。
4. 乾荷葉用溫水泡軟、輕輕刷淨、擦乾，剪掉中間硬梗部分，每張再分切成4小張。
5. 把蔥、薑挑出，加入蒸肉粉拌勻，再包入荷葉中（要盡量多沾蒸肉粉），同時每包中再放入1片香菇、4粒白果，包成長方包，排列在蒸碗中。
6. 以中小火蒸1.5小時以上，至雞腿已軟爛。

蒸的時間依不同雞種而定。

八寶雞排飯

材料

雞腿2支、蝦米2大匙、香菇2朵、筍丁2大匙、紅蔥頭3～4粒、長糯米2杯

調味料

醬油3大匙、酒1大匙、糖1茶匙、胡椒粉1/4茶匙

做法

1 雞腿剔除大骨，用刀在白筋上剁一些刀口，用調味料拌醃15～20分鐘。

2 燒熱4大匙油，雞腿的皮面朝下、放入鍋中，煎黃雞皮，翻面再以小火煎至雞腿較定型（約2分鐘）。取出切成寬條，排在扣碗底部。

3 長糯米洗淨、加水1½杯，煮成糯米飯。

4 蝦米泡軟、摘好、略切一下；香菇泡軟，切成小丁；紅蔥頭切片。

5 起油鍋，用2大匙油炒香紅蔥片，盛出。再放入香菇和蝦米爆香，加入筍丁，淋下剩餘的醃雞料和水3大匙，煮滾後關火。

6 放入糯米飯和紅蔥酥拌勻，再把糯米飯填塞到碗中，用鋁箔紙或保鮮膜封住碗口。

7 把雞排飯放入蒸鍋中蒸30～40分鐘，取出，倒扣在盤中。

蜜柑扣雞

材料

雞腿2支、柳丁1個、洋蔥丁1/2杯、西生菜絲1杯

調味料

番茄醬1/2大匙、酒1/2大匙、糖2茶匙、鹽1/3茶匙、水1/2杯、太白粉水酌量

做法

1. 雞腿去骨後，用醬油略拌，放入熱油中，將表面炸黃，撈出切塊，平鋪在淺湯碗中。
2. 柳丁擠汁約1大匙量，外皮只取橘色表皮的部分，切成細絲，備用。
3. 用1大匙油將洋蔥丁炒軟，加入番茄醬炒紅，另淋入酒、糖、鹽和水，煮滾後淋入排雞腿的湯碗中，大火蒸0.5小時。
4. 將蒸好的湯汁再泌入小鍋中，雞腿倒扣至餐盤上。湯汁中加入柳丁汁及皮，煮滾後，將汁中的渣質撈棄，淋下太白粉水勾芡，澆到扣在盤中的雞腿上，再撒下一些新鮮柳丁絲即可。

金針豉汁雞

材料

雞腿2支、香菇4朵、金針15公克、嫩薑15小片、蔥段2大匙、太白粉1茶匙

調味料

豆豉1大匙、醬油、酒、蠔油各1/2大匙、糖和鹽各1/4茶匙、胡椒粉、麻油少許

做法

1 雞腿去骨後，把雞肉切成約1寸大小的塊狀，拌上少許的太白粉。

2 香菇泡軟、切斜片；金針泡軟，擠乾水分。

3 用1大匙油炒豆豉，用小火慢慢炒至香氣透出，關火。

4 加入其他調味料，並放下雞肉、嫩薑、香菇和金針菇，平鋪放在盤子上，和金針菇略加拌勻，大火蒸15分鐘，取出。

5 另熱1½大匙油，放下蔥段煎香，趁熱淋到雞肉上，略加拌合，移入餐盤中。

龍鳳串翅

材料

雞翅膀10支、金華火腿60公克、筍1支、青江菜250公克、清湯1/3杯

調味料

酒2茶匙、鹽1/3茶匙、清湯5大匙、太白粉水1/2茶匙

做法

1. 將雞翅膀之翅尖剁下（只用整支雞翅），再將雞翅前端關節處也剁掉1公分（，使翅膀中之兩支骨頭露出一點），全部在開水中燙煮約1/2分鐘，撈出、沖一下冷水。
2. 火腿蒸熟；筍煮熟。將火腿及筍分別切成約4公分長之粗條。
3. 從燙熟的雞翅內抽出2支骨頭，在其空洞處塞入1支火腿及1支筍條。
4. 把雞翅排在蒸碗內，要雞皮面朝下，淋下酒、鹽及清湯，放入鍋中，用大火蒸約20分鐘。
5. 蒸好後，先把碗內之湯汁倒入小鍋中，另加1/3杯清湯一起煮滾，用少許太白粉水勾成薄芡，淋到扣在盤中之雞翅上面，盤邊圍放炒過之青江菜。

★雞翅膀是屬於活動較多的部分，因此肉質細嫩。雞翅因爲肉質不多，常是整支紅燒、滷煮、炸或烤。較費功夫的就是去除兩支翅骨後再做變化的菜式。

★雞翅可以分爲翅根（又稱小雞腿）、中翅和翅尖3個部位。翅根也稱爲小雞腿，因爲接近雞胸，肉質較乾硬，而翅尖又沒有肉，因此最常用的就是中間的翅膀，把翅根和翅尖放在一起燒，則可以增加份量。

豉汁鳳爪

材料

雞爪10支、鹽2茶匙、麵粉2大匙、醬油2茶匙、太白粉2茶匙、紅辣椒屑2大匙

豉汁料

豆豉2大匙、大蒜末2茶匙、紅蔥末2茶匙、酒1大匙、蠔油1大匙、糖2茶匙、太白粉水適量

做法

1. 雞腳剪去爪尖，剁成2段。用約2茶匙的鹽抓洗一下，沖洗乾淨後再加入麵粉搓洗一下，沖洗乾淨，擦乾。
2. 雞爪加醬油拌勻，放置10分鐘。燒熱1杯油，分次來炸雞爪，炸黃之後撈出，拌上少許太白粉，盛放在深盤中。
3. 豆豉加1/3杯水泡15分鐘，取出豆豉，湯汁留用。
4. 用1大匙油炒香豉汁料中的大蒜和紅蔥末，再放下豆豉，以小火續炒。淋下酒和蠔油，再加入糖和泡豆豉的水，小火煮3分鐘。用適量太白粉水勾成濃芡，盛出，鋪放在鳳爪上。
5. 上鍋蒸30分鐘，撒上紅椒末，再蒸10分鐘

★雞爪又被稱爲「鳳爪」，沒有肉、僅有皮，這部分含豐富的膠質，可以補筋骨，近幾年又被視爲含有可以美容養顏的膠原蛋白，因此價格上揚。

★烹調方法不多，多半是燉湯、滷或紅燒，廣東飲茶點心中的「豉汁蒸鳳爪」和涼拌菜中的「去骨鳳爪」是較有名的菜式。雞爪中的膠質也被用來做「凍菜」，或做湯包時不可少的「皮凍」的原料。

薑汁燉鴨

材料

鴨子1/2隻、老薑半斤、水4杯

沾汁

辣豆腐乳1小塊、豆腐乳汁1大匙、醬油1大匙、冷開水1大匙

做法

1. 老薑刷洗乾淨後用刀面拍碎，再放入果汁機中，加入4杯水打成汁。
2. 鴨子斬剁成塊狀後，以滾水川燙去除血水後，撈出用冷水沖淨。
3. 鴨子水分瀝乾後，置入大碗中，再倒入用篩網過濾的薑汁。
4. 放入鍋中蒸1小時左右，吃鴨肉時用沾汁調均勻沾食，鴨湯喝原汁原味，是很補身的好湯。

素蔬類

pescetarian

芥汁青花菜

材料

青花菜1棵

調味料

美式芥末醬1大匙、大蒜泥1茶匙、橄欖油1大匙、鹽和胡椒粉各少許

做法

1 青花菜分成小朵，沖洗一下，瀝乾水分，放入蒸籠中。

2 蒸鍋水滾後，放上蒸籠，以大火蒸3分鐘，取出裝盤。

3 調味料在碗中先調勻，淋在青花菜上拌勻或直接沾著吃。

蒸籠底部可以墊上一張蒸紙，或直接放在蒸籠或有洞的蒸板上，若以盤子盛裝，會有水氣，取出後要立刻倒掉，以保持花菜的脆度。

紅蔥高麗菜

材料

高麗菜嬰250公克、紅蔥頭4粒

調味料

鹽少許、淡色醬油1大匙、糖1茶匙、水2大匙

做法

1 紅蔥頭洗淨，剝除紅棕色外衣後切成片。

2 紅蔥片放入2大匙的油中慢慢炒至金黃且香時，關火，淋下調味料，攪勻。

3 高麗菜嬰洗淨、瀝乾水分，切成4等分，放入蒸鍋中。

4 水滾後以大火蒸4分鐘，關火、淋下紅蔥油。

紅蔥在油炸時要特別注意，當紅蔥中的水分蒸發後就很容易變焦，因此當紅蔥開始變色，就要不停鏟動，至顏色夠黃時就要關火、淋下調味料，以免油的餘熱把紅蔥給炸焦了。

翡翠冬瓜夾

材料

冬瓜600公克、雪裏紅150公克、絞肉120公克、太白粉少許、高湯1杯

調味料

①醬油1/2大匙、麻油1茶匙
②鹽、白胡椒粉、麻油各少許

做法

1. 冬瓜去皮、除籽，修成5公分寬的一塊，切成一刀不斷、第二刀切斷的活頁夾，在內部以手指抹上 少許太白粉。
2. 雪裏紅洗淨，剁成極細的碎末，擠乾水分，和絞肉一起加調味料①拌勻。
3. 將絞肉餡夾入冬瓜中，再整齊地排入蒸碗內，要將開口面朝上，入鍋蒸至熟（約12分鐘）。把冬瓜夾排在盤中。
4. 煮滾高湯，加調味料②調味後再勾芡，淋在冬瓜夾上。

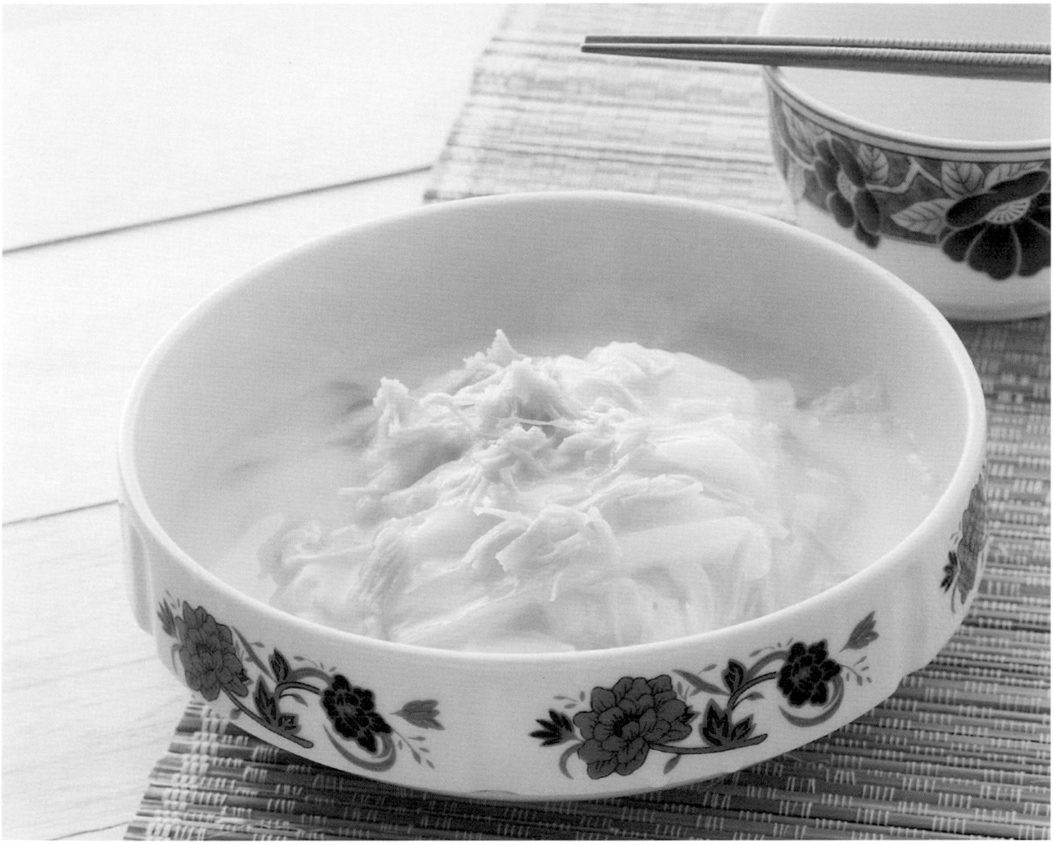

奶油干貝白菜

材料

白菜600公克、干貝2～3粒、蔥屑1大匙、麵粉2大匙、鮮奶油2大匙

調味料

鹽1/2茶匙、清湯1½杯

做法

1. 干貝沖洗一下、放入碗中，加水1/2杯，入電鍋中蒸30分鐘（外鍋加1½杯水），放涼後將干貝略撕散。
2. 白菜切成2公分寬的長段，放入有深度的水盤中，撒上鹽，入蒸籠或電鍋中（外鍋加1杯水），蒸約15～20分至白菜變軟，取出，將白菜汁倒出。
3. 用2大匙油炒香麵粉，加入約1½杯的清湯（包括干貝汁和白菜汁），邊加邊攪勻成醬汁，再加入鮮奶油和干貝拌勻。
4. 將奶油干貝汁淋在白菜上即可。

★有白菜菜心的季節，不妨用菜心來做，更加細嫩、清甜。

★蒸白菜的時間長短和白菜的老嫩有關，有人喜歡口感脆，也有人喜歡白菜要軟爛，可以自己斟酌蒸的時間。

奶油干貝白菜

材料

白菜600公克、干貝2～3粒、蔥屑1大匙、麵粉2大匙、鮮奶油2大匙

調味料

鹽1/2茶匙、清湯1½杯

做法

1. 干貝沖洗一下、放入碗中，加水1/2杯，入電鍋中蒸30分鐘（外鍋加1½杯水），放涼後將干貝略撕散。
2. 白菜切成2公分寬的長段，放入有深度的水盤中，撒上鹽，入蒸籠或電鍋中（外鍋加1杯水），蒸約15～20分至白菜變軟，取出，將白菜汁倒出。
3. 用2大匙油炒香麵粉，加入約1½杯的清湯（包括干貝汁和白菜汁），邊加邊攪勻成醬汁，再加入鮮奶油和干貝拌勻。
4. 將奶油干貝汁淋在白菜上即可。

★有白菜菜心的季節，不妨用菜心來做，更加細嫩、清甜。
★蒸白菜的時間長短和白菜的老嫩有關，有人喜歡口感脆，也有人喜歡白菜要軟爛，可以自己斟酌蒸的時間。

涼拌茄子

材料
茄子2條、大蒜1粒、紅辣椒1支、蔥1支

調味料
醬油2大匙、麻油1大匙、醋2大匙、糖1茶匙

做法
1. 茄子洗淨，削去外皮，切成長段，放在蒸板上。
2. 將茄子放入電鍋中，外鍋放1杯水，蒸至開關跳起，將茄子挾出，排入盤中。
3. 大蒜拍碎，再剁過；紅椒去籽，切小粒；蔥切碎。3種辛香料一起放碗中，和調味料混合，淋在茄子上即可。

喜歡硬一點的口感，蒸15分鐘即可。

蒜子蒸莧菜

材料
莧菜1把、大蒜6～7粒、水1杯

調味料
鹽1/3茶匙、雞粉少許

做法
1. 莧菜洗淨，摘好，放入滾水中燙5秒鐘，撈出、沖涼，瀝乾水分，放在水盤中。
2. 鍋中加熱2大匙油，放入大蒜（小粒的不切、大粒的一切爲二），以小火慢慢炒香，且成爲淺褐色，淋下水並加入調味料，煮滾後淋入莧菜中。
3. 移入電鍋中，外鍋加1杯水，蒸至開關跳起，約20～25分鐘。

喜歡用紅莧菜亦可。

鮮菇總匯

材料

珊瑚菇150公克、秀珍菇適量、香菇適量、草菇12個、榨菜片2大匙、九層塔適量、辣椒段1大匙（去籽）、粉絲1把

蒸鮮菇汁

高湯1/2杯、鹽適量

調味料

蠔油1大匙、水3大匙

做法

1. 粉絲用溫水泡5分鐘後，置盤中待用。
2. 草菇用滾水川燙30秒，瀝乾水分待用。
3. 將各種鮮菇置入粉絲盤內，撒下榨菜片後再注入蒸鮮菇汁，上籠蒸8分鐘。
4. 熱2大匙油炒香調味料後，加入九層塔和辣椒段拌勻，淋在蒸好的鮮菇上便可上桌。

清蒸杏鮑菇

材料

大型杏鮑菇300公克、蔥絲1大匙、紅甜椒絲1大匙、芹菜絲2大匙

調味料

蠔油2大匙、水2大匙、麻油1茶匙、太白粉水適量

做法

1 切除掉杏鮑菇圓形的菇傘，用開水煮3分鐘後撈出沖涼。

2 熟杏鮑菇切成0.5公分的片狀，再交叉切上刀口，花紋朝外捲起，用牙籤固定，排列在盤中，上鍋以大火蒸5分鐘。

3 燒熱2大匙油，加入調味料煮滾，再加入蔥絲、甜椒絲和芹菜絲炒勻，迅速淋在蒸好的杏鮑菇上便成。

鹹菜蠶豆瓣

材料

新鮮蠶豆300公克、絞肉2大匙、薑末1茶匙、酸菜末3大匙

調味料

淡色醬油1大匙、糖1茶匙、麻油1茶匙、辣椒末1大匙

做法

1. 蠶豆用開水川燙1分鐘後撈起，沖涼裝碟。
2. 熱2大匙油爆香薑末和酸菜，加入調味料煮滾，盛在碗中，拌入絞肉、仔細攪勻。
3. 將做法（2）的材料倒在蠶豆上，再用筷子將之拌勻，入鍋蒸10分鐘至蠶豆有點鬆軟即可。

用酸菜來提豆類的味會有很好的效果，任何新鮮豆類均可以此法來製做，例如皇帝豆或毛豆等。

蒸蘿蔔

材料

蘿蔔1條、香菜少許

調味料

高湯2杯、淡色醬油2大匙、鹽1/4茶匙

做法

1. 蘿蔔洗淨，對剖成兩半，置入盤內，入鍋蒸15分鐘。
2. 將蒸過的蘿蔔切成厚片，連同蘿蔔原汁放入大碗中，加入蒸料，再移入蒸鍋續蒸15分鐘。
3. 見蘿蔔已透明入味後，即可撒下香菜上桌。

玉版菇盒

材料

老豆腐6公分見方、山藥100公克、太白粉1大匙、中型香菇10個、香菜葉10小片

蒸香菇料

蔥1支、薑2片、醬油1大匙、香菇水1杯、糖1/2茶匙

調味料

太白粉1大匙、胡椒粉少許、鹽1/4茶匙

淋汁

高湯1杯、胡蘿蔔絲1大匙、鹽1/4茶匙、太白粉水1大匙、麻油少許

做法

1. 泡軟的香菇用剪刀剪去蒂頭，加入蒸香菇料、上鍋蒸10分鐘。取出，瀝乾水分後待涼，再在菇的內部撒下適量的乾太白粉。
2. 老豆腐上撒下少許的鹽，入鍋蒸5分鐘，取出待涼（要倒掉水分），連同山藥和調味料入果汁機打成泥。
3. 將豆腐泥鑲在菇盒上，抹平表面後，貼上小片香菜，入鍋蒸12分鐘。
4. 淋汁倒入鍋內煮滾，再淋到蒸好的菇盒上便可上桌。

干貝扣四蔬

材料

干貝3粒、金菇1把、白菜600公克、玉米筍10支、胡蘿蔔1小支、油2大匙、麵粉2大匙、高湯（或水）1/2杯

調味料

鹽1茶匙、糖1/2茶匙、胡椒粉少許

做法

1. 干貝置碗內加水2/3杯（蓋過干貝），蒸0.5小時至軟，撕成細條，鋪在碗底一層。
2. 金菇切成約1.5公分長，用滾水川燙一下撈出，鋪在碗裏干貝上。
3. 大白菜切寬條，用2大匙熱油炒軟，再加入玉米筍（粗者可對剖爲二）和已煮過之胡蘿蔔片，加鹽、糖和胡椒粉調味。拌炒均勻後瀝出，放在干貝碗中，淋下干貝汁及高湯，入鍋蒸20分鐘。
4. 取出蒸碗，泌出湯汁，倒扣在盤中。
5. 用2大匙油炒香麵粉，再加入湯汁（約有3/4杯），攪拌成糊狀，再適量加以調味，淋到干貝上即可。

蝦仁豆腐蒸蛋

材料

蝦仁4～5隻、豆腐1方塊、蛋3個、豌豆片或綠蘆筍少許、清湯1/2杯

調味料

鹽1/2茶匙、酒1/2茶匙、白胡椒粉少許

做法

1. 蝦仁切成丁，用少許鹽和胡椒粉抓拌一下。豌豆片一切爲3小片（用蘆筍則切成丁）。
2. 蛋加調味料一起打散、打勻；豆腐壓成很細的泥，拌入蛋汁中，再加入清湯一起攪勻。
3. 將蝦仁和豌豆片放入蛋中，上蒸鍋蒸至熟（約8～9分鐘）。

★也可以將豆腐過一次篩網，再加入蛋汁裏，口感會更細。

★蒸蛋的時間和容器有關，也就是和蛋的深度有關，蛋汁淺、蒸的時間短，可以用筷子插入蛋中間，試看蛋汁是否凝固。

干貝蒸蛋

材料
蛋白4個、干貝2粒（約15公克）、水1杯

蒸蛋料
鹽1/3茶匙、水1杯

調味料
蠔油2大匙、太白粉水1大匙

做法
1. 用水1杯浸泡干貝，約1小時後，放入電鍋蒸0.5小時至軟化。略涼後將干貝撕散開。
2. 蛋白在碗內加鹽一起打散，再加入水1杯，輕輕攪拌均勻後過濾一次，盛在深碟內，以紙巾吸掉氣泡，上鍋以中小火蒸12分鐘至全熟。
3. 鍋中將1大匙油燒至微熱，倒入蠔油炒一下，再迅速把干貝連湯汁倒入鍋中，用太白粉勾芡即可淋在蒸蛋上食用。

紅蒸蛋豆腐

材料

蛋豆腐1盒、毛豆3大匙、榨菜絲1大匙

調味料

醬油2大匙、糖1茶匙、麻油少許

做法

1 毛豆用滾水煮1分鐘後撈起，沖涼時搓去外皮。

2 蛋豆腐切成厚片狀，排列在蒸盤內。

3 燒熱2大匙油爆香榨菜絲，再淋下調味料煮滾，即刻熄火。

4 將毛豆和做法（3）的調味料澆淋在蛋豆腐上，入鍋蒸8分鐘即可。

紫蘇臭豆腐

材料
臭豆腐2塊、紫蘇梅3粒、樹子1大匙、薑末1茶匙、蔥花1大匙

調味料
蠔油1大匙、糖1茶匙、水3大匙

做法
1 臭豆腐每個切成6小塊，置於盤中。

2 紫蘇梅去核、切碎。

3 熱2大匙油爆香薑末，再加入紫蘇梅末和樹子炒匀，加入調味料煮滾，均匀地澆淋在臭豆腐盤內，上鍋以大火蒸10分鐘，最後撒下蔥花即可上桌。

清蒸臭豆腐

材料

臭豆腐4塊、蛋1個、香菇2朵、蝦米1/2大匙、毛豆1大匙、紅辣椒1/2支

調味料

醬油2茶匙、糖1茶匙、油2茶匙、水1大匙

做法

1 臭豆腐在清水中泡3～5分鐘，瀝乾後壓碎，和蛋一起放碗中，加入調味料拌勻，移放到深盤中。

2 香菇泡軟、切丁；蝦米泡軟也切丁；毛豆大略切一下；紅辣椒去籽、切小丁。4種材料都均勻地撒在臭豆腐上。

3 移入蒸鍋中蒸25～30分鐘即可。

點心類

refreshments

水蜜桃布丁

材料

吐司麵包300公克、 蛋3個、糖4大匙、鮮奶1½杯、牛油2大匙、香草精或香草粉少許

淋料

罐頭水蜜桃4片、水1/2杯、水蜜桃汁1/2杯、鮮奶油1大匙、玉米粉適量

做法

1 把麵包的硬邊切掉，撕成小片，泡入水中，泡約5分鐘，擠乾水分。

2 蛋打散，加入糖、鮮奶和1大匙牛油，攪拌均勻，放入擠乾了水分的麵包，再加入香草精數滴，調拌均勻。

3 模型中塗上一層牛油，倒入麵包料約7～8分滿，上蒸鍋以中火蒸40分鐘。

4 小鍋中將水和水蜜桃汁煮滾，以調水的玉米粉勾芡，關火後加入鮮奶油和切片的水蜜桃拌勻。

5 布丁倒扣在盤中，淋下水蜜桃醬汁。

蒸布丁的時間和模型大小有關，小模型蒸20分鐘即可。

雙色糯米球

材料

糯米粉2½杯、澄粉（或玉米粉）3大匙、開水1/2杯、豬油1大匙、糖1大匙、豆沙1杯、椰子粉1/2杯、花生粉1/2杯

做法

1. 澄粉放在碗中，淋下開水燙熟，用筷子攪拌成糰。
2. 糯米粉放在大盆中，加入豬油和糖，同時放入澄麵，慢慢加水揉成一糰，做成皮子。
3. 豆沙分成20小粒，揉成小圓球。
4. 皮子也分成20小球，搓圓後壓扁，包入豆沙餡，再搓成圓形。
5. 蒸板上塗油，排上糯米球，放入蒸鍋中蒸7～8分鐘。
6. 趁熱取出糯米球，分別沾裹上椰子粉或花生粉。

鹹蛋糕

材料

蛋5個、糖150公克、低筋麵粉180公克（約1杯）

肉燥餡

絞肉3大匙、醬油1½大匙、鹽1/4茶匙、糖1/2茶匙、紅蔥酥3大匙

做法

1. 用1大匙油將絞肉炒散，炒成乾鬆的顆粒狀，加入醬油、鹽和糖調味，再炒至汁收乾，拌入紅蔥酥，成爲肉燥餡。
2. 蛋打到大盆中，用打蛋器打至起泡，加入糖再繼續打成乳白色。
3. 麵粉過篩，分次加入蛋汁中，輕輕地把麵粉和蛋汁拌勻。
4. 模型內塗油，撒些麵粉，倒入一半的麵糊，放入蒸籠中，蒸鍋中水滾後，放上蒸籠，用大火蒸10分鐘。
5. 將肉燥餡撒在蛋糕表面，再倒入另一半的麵糊，上鍋續蒸20分鐘。熟後取出，倒扣在盤中，切塊分食。

芋頭糕

材料

絞肉150公克、香菇末1大匙、紅蔥酥2大匙、芋頭600公克、地瓜粉2/3杯、韭菜花末1大匙

調味料

①酒1大匙、醬油2大匙、糖1茶匙、鹽1/4茶匙、水1杯
②五香粉1/4茶匙、胡椒粉1/4茶匙、鹽1/2茶匙

做法

1 熱2大匙油將香菇末、絞肉、紅蔥酥拌炒均勻後，放下調味料①，用小火燒至入味（約0.5小時）。

2 芋頭切成5公分長的絲，以調味料②抓勻至有黏性後，再放下地瓜粉攪拌均勻。

3 備一模型，鋪上一張鋁箔紙後塗抹一層油，再將做法（2）的芋頭絲置入，輕輕壓實。

4 將做法（1）的肉燥鋪在做法（3）的芋頭絲上，最後撒下韭菜花末，入鍋蒸25分鐘，取出待完全涼透後切塊裝盤。

芋頭蒸飯

材料
芋頭丁2杯、肉絲2大匙、乾魷魚1/4條、香菇丁2大匙、紅蔥酥2大匙、米3杯（量米杯）

泡魷魚料
鹽1茶匙、水2杯

調味料
醬油1大匙、鹽1茶匙、胡椒粉1/2茶匙、水3杯（量米杯）

做法

1 乾魷魚用剪刀剪成絲狀（約0.5×3公分長）後，用泡魷魚料泡軟待用。

2 燒熱5大匙油將芋頭丁炒黃，推向鍋的一側，續炒肉絲、乾魷魚、香菇和紅蔥酥至有香氣後，再倒入洗淨的米炒勻，最後加入調味料煮滾（要邊煮邊炒、以免沾鍋），炒3分鐘後，盛入飯鍋內。

3 電鍋內放1杯水，先插電煮滾，再把飯鍋放入，煮熟便成香噴噴的芋頭飯。

黑糖紫米糕

材料

紫米300公克、圓糯米300公克、水450 c.c.（約2杯）、熟芝麻3大匙

調味料

黑糖150公克、黃砂糖75公克、葡萄乾3大匙

做法

1 紫米洗淨用450 c.c.水泡一晚上，再將圓糯米洗淨，加入紫米中。

2 電鍋外鍋放入1½杯的水，將做法（1）的材料連水直接放入電鍋中蒸熟，續燜0.5小時，趁熱拌入調味料。

3 備一模型，鋪上保鮮膜後，將拌好的紫米置入模型中，並壓緊實，最後撒下芝麻，靜待1小時後，再切塊分食。

★若無模型，亦可將紫米做成其他造型，如將紫米搓成圓球狀，沾點冷開水，再裹滿芝麻。

燕麥養生粥

材料

糙米3大匙、燕麥2大匙、蕎麥2大匙、紅糯米2大匙、高粱2大匙、紅薏仁2大匙、稞麥2大匙、紅棗8顆

做法

1 將各式雜糧備妥，洗淨後，用8～10倍的水浸泡一個晚上。

2 將做法（1）的雜糧先置放在瓦斯爐上煮15分鐘後，再移入電鍋續蒸0.5小時，開關跳起後再燜1小時，至湯汁呈黏稠狀便可。

本書所介紹的是原味雜糧粥，可品嘗出雜糧的自然風味，並可因淡味而來替代白米飯配著菜餚吃。喜食甜味者，可用含鐵質的黑糖來調味，比加砂糖更爲理想。

鮑魚火腿扣通粉

材料
罐頭鮑魚1/2罐、火腿絲1/2杯、洋蔥丁2大匙、通心粉1杯、麵粉2大匙、高湯3杯

調味料
鹽1/2茶匙、胡椒粉少許、奶水2大匙

做法
1 鮑魚、火腿均切成絲（如用中國火腿，需先蒸熟，放涼後再切絲）。

2 通心粉用滾水、中火煮熟。

3 取1只蒸碗，底層排入鮑魚及火腿絲，中間填入通心粉，撒1/4茶匙鹽及1/2杯水，蒸15分鐘，扣在大盤中。

4 用2大匙油將洋蔥丁炒軟，加入麵粉同炒，慢慢淋入高湯攪勻，煮滾後撈棄洋蔥，加鹽調味後，熄火後加入奶水及胡椒粉，拌勻後淋到鮑魚通心粉上。

作　　者　程安琪、陳盈舟
發 行 人　程安琪
總 策 畫　程顯灝
編輯顧問　潘秉新
編輯顧問　錢嘉琪

總 編 輯　呂增娣
執行主編　李瓊絲
主　　編　鍾若琦
編　　輯　李雯倩
編　　輯　吳孟蓉
編　　輯　程郁庭
美　　編　王之義
封面設計　王之義
出 版 者　橘子文化事業有限公司

總 代 理　三友圖書有限公司
地　　址　106台北市安和路2段213號4樓
電　　話　(02) 2377-4155
傳　　真　(02) 2377-4355
E - mail　service@sanyau.com.tw
郵政劃撥　05844889 三友圖書有限公司

總 經 銷　大和書報圖書股份有限公司
地　　址　新北市新莊區五工五路2號
電　　話　(02) 8990-2588
傳　　真　(02) 2299-7900

初　　版　2013年 6 月
定　　價　299元
I S B N　978-986-6062-42-1

國家圖書館出版預行編目(CIP)資料

蒸的好清爽 / 程安琪、陳盈舟著. -- 初版. -- 臺北市：橘子文化, 2013.06

面；　公分

ISBN 978-986-6062-42-1(平裝)

1.食譜

427.1　　102009664